高职高专“十四五”规划教材

晶体硅光伏组件生产技术

主编　贾锐军

北　京
冶　金　工　业　出　版　社
2024

内 容 提 要

本书以晶体硅光伏组件生产工艺为主线，注重理论与实践相结合，对晶体硅光伏组件生产各个环节进行了全面的介绍。全书共分 7 个项目，包括光伏发电原理及组件制造工艺、电池片的分选检测、电池片的激光划片、电池片的焊接、叠层与层压、装框及接线盒的安装、光伏组件性能测试，每一个项目分若干任务，既有理论知识点，也包含对应的实践技能提升实训。

本书可作为高职院校光伏材料制备技术、光伏工程技术等专业的教学用书，也可作为光伏生产企业对员工的岗位培训教材及有关技术人员的参考书。

图书在版编目(CIP)数据

晶体硅光伏组件生产技术/贾锐军主编 .—北京：冶金工业出版社，2024. 2

高职高专“十四五”规划教材

ISBN 978-7-5024-9769-9

Ⅰ. ①晶… Ⅱ. ①贾… Ⅲ. ①硅太阳能电池—高等职业教育—教材 Ⅳ. ①TM914. 4

中国国家版本馆 CIP 数据核字(2024)第 027304 号

晶体硅光伏组件生产技术

出版发行 冶金工业出版社 **电　话** (010)64027926
地　址 北京市东城区嵩祝院北巷 39 号 **邮　编** 100009
网　址 www. mip1953. com **电子信箱** service@ mip1953. com

责任编辑 任咏玉 美术编辑 吕欣童 版式设计 郑小利
责任校对 李欣雨 责任印制 窦 唯
三河市双峰印刷装订有限公司印刷
2024 年 2 月第 1 版，2024 年 2 月第 1 次印刷
787mm×1092mm 1/16；8. 5 印张；200 千字；125 页
定价 35. 00 元

投稿电话 (010)64027932 投稿信箱 tougao@cnmip. com. cn
营销中心电话 (010)64044283
冶金工业出版社天猫旗舰店 yjgycbs. tmall. com
（本书如有印装质量问题，本社营销中心负责退换）

前言

晶体硅光伏电池作为当前太阳能电池的主流产品，是太阳能光伏市场中的重要组成部分。从全球市场来看，晶体硅光伏组件应用已经发展到了一个成熟阶段，产量规模不断扩大，价格逐步下降，随着科技不断进步，晶体硅光伏行业仍有广阔的发展空间。

本书围绕晶体硅光伏组件生产工艺，对各工艺环节进行了全面的介绍。书中内容参考企业实际生产，使学生能够对实际工作有更真实的体验。本书的编写注重理论和实践相结合，让师生双方边教、边学、边做，全程构建素质和技能培养框架。任务设置全面覆盖光伏组件生产各环节，详细讲述每个环节涉及的知识点，在此基础上设置对应的设备操作、产品设计等实践内容，更加注重学生在实际应用中准确理解理论知识的能力，同时也有助于培养学生的创新能力。

本书由内蒙古机电职业技术学院贾锐军担任主编，付名禄参编。其中项目一、项目二、项目三、项目四、项目五和项目七由贾锐军编写，项目六由内蒙古机电职业技术学院付名禄编写。全书最后由贾锐军统稿定稿。

本书在编写过程中参考了有关文献资料，得到了许多光伏企业及相关院校专家老师的大力支持，在此向文献资料的作者和专家老师表示感谢！

由于编者水平所限，书中不妥之处，敬请广大读者批评指正！

编　者

2023 年 8 月

目　录

项目一　光伏发电原理及组件制造工艺

任务一　晶体硅光伏电池发电原理

学习目标：

（1）理解光伏电池发电原理；
（2）掌握光伏电池结构；
（3）掌握光伏发电系统组成；
（4）熟悉光伏组件制作工艺。

一、晶体硅光伏电池发电原理

光伏电池是一种由光生伏特效应将太阳能直接转化为电能的器件，可以视为一个半导体二极管。

（一）光伏电池发电原理

半导体内部有两种导电载流子，分别是自由电子和空穴。自由电子浓度远大于空穴浓度的杂质半导体是N型半导体，如掺入少量杂质磷元素的硅晶体，由于Si原子被P原子取代，P原子外层的5个价电子中4个与周围的Si原子形成共价键，多出的一个电子几乎不受束缚，较为容易成为自由电子，于是N型半导体就成为含电子浓度较高的半导体，以自由电子导电为主。空穴浓度远大于自由电子浓度的杂质半导体是P型半导体，如掺入少量硼元素的硅晶体，由于B原子取代Si原子，B原子外层的3个价电子与周围的Si原子形成共价键的时候，会产生一个空位，当Si原子外层电子填补此空位时，其共价键便产生一个空穴，而杂质B原子成为不可移动的负离子，这类半导体以空穴导电为主。

在一块N型（或P型）半导体单晶上，用适当的工艺方法（如合金法、扩散法、离子注入法等）把P型（或N型）杂质掺入其中，使这块单晶的不同区域分别具有N型和P型的导电类型。在二者的交界面，两种载流子浓度差别很大，P区的空穴向N区扩散，N区的自由电子向P区扩散，由于扩散到N区的空穴与自由电子复合，扩散到P区的自由电子与空穴复合，因此在交界面附近，P区和N区的多数载流子浓度下降，而P区的负离子和N区的正离子是不能移动的，成为空间电荷区，进而形成内建电场。随着多数载流子扩散运动的进行，空间电荷区变宽，内建电场增强，其方向由N区指向P区，内建电场的增强，对多数载流子的扩散运动起到了阻碍的作用，反而促进了少数载流子的漂移运动，即空穴从N区向P区运动，自由电子从P区向N区运动。在无外电场和其他激发作用下，当空间电荷区达到一定宽度后，在逐渐增强的内建电场的作用下，多数载流子的扩散运动减弱，少数载流子的漂移运动加剧，对应的扩散电流减小，漂移电流增大，当扩散电流等于漂移电流时，将达到动态平衡，形成PN结。图1-1为PN结的结构示意图。由于PN结内载流子数远低于PN结以外的载流子数，PN结内的载流子数近似耗尽，因此，PN结也可称为耗尽层。另外，内建电场的存在对于多数载流子的扩散起到了阻挡作用，PN结也可称为阻挡层或势垒区。

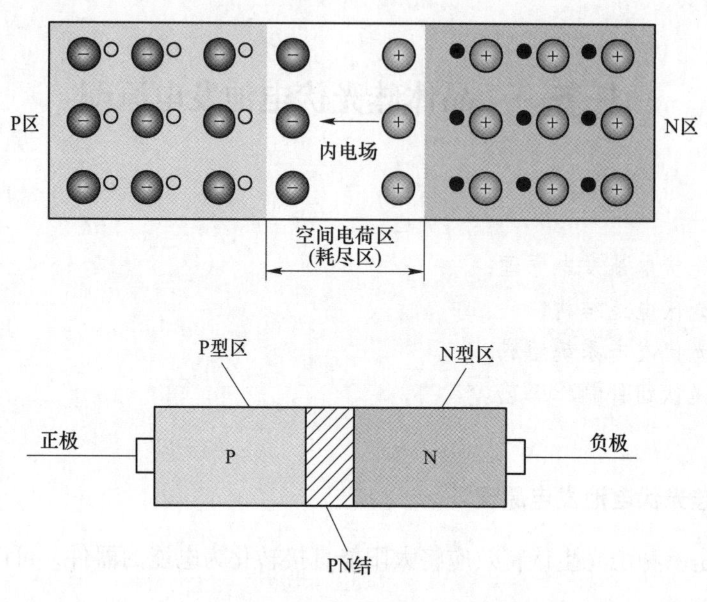

图1-1　PN结的结构示意图

如果P区和N区掺杂浓度一样，则负离子区和正离子区的宽度相等，此时PN结为对称结。若两边掺杂浓度不同，则空间电荷区的正离子区和负离子区的离子浓度不同，而正、负电荷数值是相等的，因此在掺杂浓度低的一侧因离子浓度低而宽度更宽，在掺杂浓度高的一侧，因离子浓度高，该离子区域要薄一些，也就是空间电荷区向杂质浓度低的一侧延伸，这种PN结称之为不对称结。在无外接电场或其他激发作用下的PN结称为开路PN结或平衡状态PN结，此时的半导体处于一种不导电的状态。

当晶体硅电池受到太阳光照射后，具有足够能量的光子能够在P型Si和N型Si中将电子从共价键中激发出来，产生光生载流子，即自由电子-空穴对。在PN结内部，产生的自由电子空穴对还没来得及复合，就被内建电场迅速分离，自由电子向N区移动，空穴向P区移动，形成由N区到P区的电流。P区与N区产生电位差，形成电源，接通电路后就产生电流。当太阳光持续稳定照射时，电池片便成为一个稳定的电源，将这样大量的PN结电池元件串联、并联起来，就产生一定的电压、电流和功率输出。由于电池输出电压的变化是由自由电子和空穴的分离程度产生的电势差决定的，而电子和空穴分离程度与内建电场的大小有关，因此，太阳能电池的输出电压与内建电场的大小有关，内建电场越大，输出电压就越高。光伏电池发电原理如图1-2所示。

（二）太阳能发电优点

（1）太阳能资源取之不尽用之不竭，在地球上分布广泛，不受地域限制。

（2）太阳能资源丰富，随处可得，避免了长距离运输电能造成的电能损失。

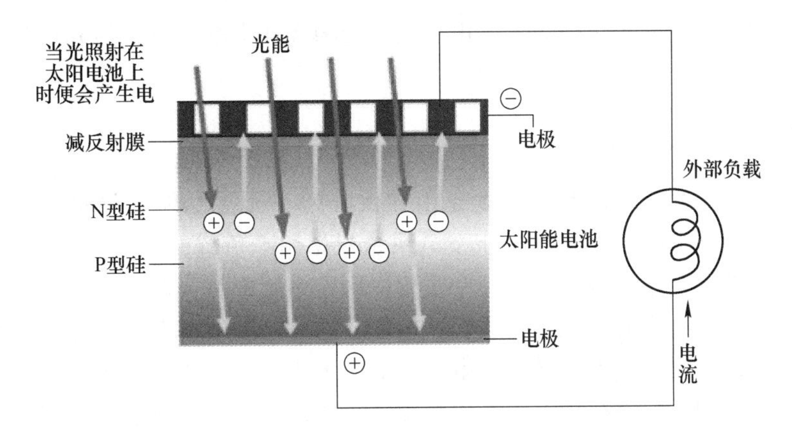

图 1-2　光伏电池发电原理图

（3）光伏发电系统的设备简单，体积小、重量轻，便于运输与安装。

（4）光伏发电系统在运行过程中不需要燃料，不存在机械磨损，不产生噪声，不污染空气，对环境友好。

（5）光伏发电系统运行稳定可靠，使用寿命长，作为关键部件的太阳能电池使用寿命长，晶体硅太阳电池寿命可达 25 年以上。

（6）光伏发电系统建设周期短，而且根据用电负荷容量可大可小，极易组合、扩容。

（三）太阳能发电的缺点

（1）实际光电转化率低，从而导致光伏发电功率密度低，难以形成高功率发电系统。

（2）能量密度低，光伏发电系统占地面积大，随着光伏建筑一体化发电技术的成熟和发展，越来越多的光伏发电系统可以利用建筑物屋顶和里面，将逐渐克服光伏发电占地面积大的不足。

（3）光伏发电成本高，这是制约光伏技术广泛应用的最大障碍，但是随着太阳能电池产能的不断扩大以及电池片光电转换效率的不断提高，光伏发电系统的成本会不断下降。

（4）在地球表面，光伏发电系统只能在白天发电，晚上不能发电，所以光伏发电系统不能连续发电。

（5）各个地区太阳能资源情况不同，所以光伏发电系统具有较强的区域依赖性。

（6）太阳能逆变器转化效率不是很高，蓄电池寿命短，还需要技术上的突破。

（7）晶体硅电池的主要原料是纯净的硅，硅是地球上含量仅次于氧的元素，主要存在形式是沙子，从硅石中提炼晶体硅，要经过复杂的物理和化学工艺，不仅能耗高，对环境也有一定的污染。

二、光伏发电系统分类、工作原理及组成

通过光伏电池将太阳辐射能转换为电能的发电系统称为光伏发电系统，按光伏发电系统的运行方式，主要可分为独立运行和并网运行两大类。未与公共电网联接的光伏发电系统称为独立光伏发电系统，又称为独立光伏系统，主要应用于向公共电网难以覆盖的边远农村、牧区、高原、荒漠等地区提供电源。与公共电网联接的光伏发电系统称为并网光伏

发电系统，并网光伏发电系统使光伏发电进入大规模商业发电阶段，使其成为电力工业的组成部分之一。

（一）独立光伏发电系统

一般来说，独立光伏发电系统主要是由光伏阵列（通常也称太阳能方阵）、控制器、蓄电池、逆变器等部分组成，独立光伏发电系统根据用电负载的特点，可分为直流系统、交流系统、交直流混合系统等类型，其中主要区别是系统中是否带有逆变器。

太阳电池阵列直接将太阳能转换成直流电能，通过控制器把电能储存于蓄电池中，以保证光伏发电系统在因天气不良导致发电不足的白天或夜间正常向负载供电。如果是直流负载，电能通过控制器向负载供电；如果是交流负载，直流电先通过逆变器转换成交流电再向负载供电。独立光伏发电系统工作原理如图 1-3 所示。

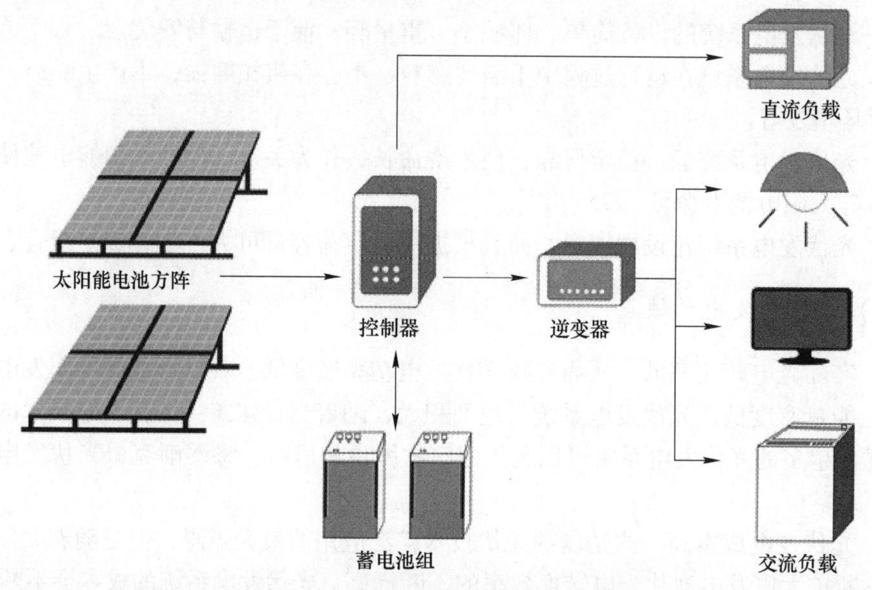

图 1-3　独立光伏发电系统工作原理图

（二）并网光伏发电系统

根据并网光伏系统是否通过供电区变压器向主电网送电，并网光伏系统可分为有逆流和无逆流两种。有逆流系统在光伏系统产生剩余电力时将多余电能送入电网，由于与电网的供电方向相反，所以称为逆流；当光伏系统的电能不够时，则由电网供电，如图 1-4 所示。这种系统，一般是为光伏系统的发电能力大于负载或发电时间同负荷用电时间不相匹配而设计的。由于住宅系统输出的电量受天气和季节的制约，而用电又有时间的区分，为保证电力平衡，一般均设计成有逆流系统。无逆流系统，则是指光伏系统的发电量始终小于或等于负荷的用电量，电量不足时由电网提供，即光伏系统与电网形成并联向负载供电。这种系统，即使当光伏系统由于某种特殊原因产生剩余电能，也只能通过某种手段加以处理或放弃。由于不会出现光伏系统向电网输电的情况，所以称为无逆流系统，如图 1-5 所示。

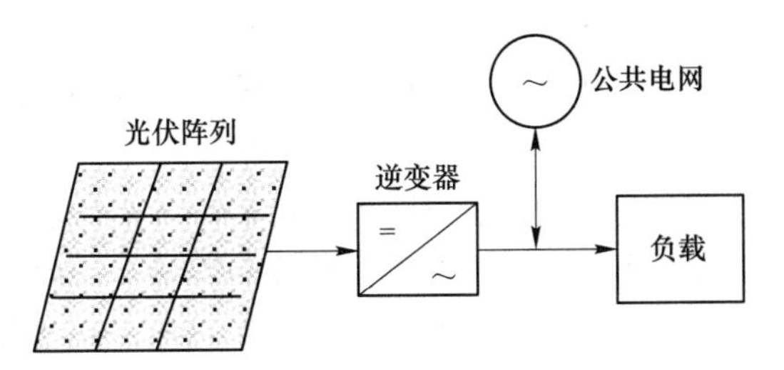

图 1-4　有逆流系统

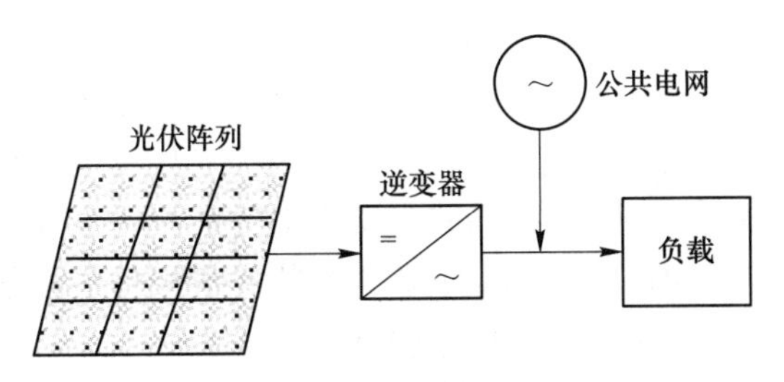

图 1-5　无逆流系统

图 1-6 为并网光伏发电系统工作原理图。太阳电池阵列直接将太阳能转换成直流电能。相对比离网逆变器而言，并网逆变器的结构复杂，功能齐全。并网逆变器主要由充放电控制、功率调节、交流逆变、电力平衡等部分构成。直流电经逆变器后变成交流电，直接为交流负载供电，多余的电能输入公共电网。遇到天气原因或夜间发电不足时，可由公共电网向交流负载供电。

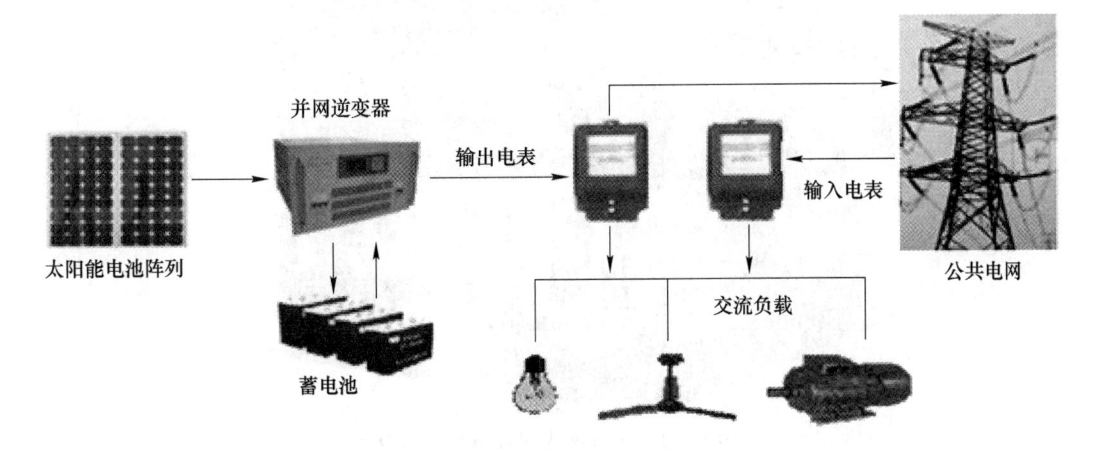

图 1-6　并网光伏发电系统工作原理图

（三）分布式并网光伏发电系统

分布式并网光伏发电系统通常是指利用分散式资源，装机规模较小的、布置在用户附近的小型并网光伏发电系统，特别是光伏建筑一体化发电系统，由于投资小、建设快、占地面积小等优点，成为并网光伏发电的主流。它一般接入 35 kV 及以下电压等级的电网。实际上是并网光伏发电系统的具体应用。目前应用最为广泛的分布式并网光伏发电系统，是建在城市建筑物屋顶的光伏发电项目。该类项目必须接入公共电网，与公共电网一起为附近的用户供电。如果没有公共电网支撑，分布式系统就无法保证用户的用电可靠性和用电质量。

分布式光伏发电有以下特点：一是输出功率相对较小。光伏发电的模块化设计，决定了其规模可大可小，可根据场地的要求调整光伏系统的容量。一般而言，一个分布式光伏发电项目的容量在数兆瓦以内。与集中式电站动辄几十兆瓦，甚至几百兆瓦不同，分布式光伏电站的大小对发电效率的影响很小，因此对其经济性的影响也很小，小型光伏发电系统的投资收益率并不会比大型的低。二是污染少，环保效益突出。分布式光伏发电项目在发电过程中，没有噪声，也不会对空气和水产生污染。但是，需要重视分布式光伏与周边城市环境的协调发展，在利用清洁能源的时候，考虑民众对城市环境美感的关切。三是能够在一定程度上缓解局部地区的用电紧张状况。分布式光伏发电在白天出力，正好在这个时段人们对电力的需求最大。但是，分布式光伏发电的能量密度相对较低，每平方米分布式光伏发电系统的功率仅约 100 W，再加上适合安装光伏组件的建筑屋顶面积的限制，致使分布式光伏发电不能从根本上解决用电紧张问题。

分布式并网光伏发电系统运行模式是在有太阳辐射的条件下，光伏发电系统的太阳能电池组件阵列将太阳能转换输出的电能，经过直流汇流箱集中送入直流配电柜，由并网逆变器逆变成交流电供给建筑自身负载，多余或不足的电力通过联接电网来调节。图 1-7 为分布式并网光伏发电系统示意图。

图 1-7　分布式并网光伏发电系统示意图

（四）光伏发电系统组成

光伏发电系统由太阳能电池方阵、蓄电池组、充放电控制器、交直流汇流箱、逆变器、交直流配电柜、自动太阳能跟踪系统、升压变压器、并网柜等设备组成。

1. 太阳能电池单体、组件、阵列

太阳能电池单体（太阳能电池片）是光电转换的最小单元，工作电压 0.5 V 左右，易碎，不能作为单独电源使用，将太阳能电池片串、并联后封装，就成了光伏组件，由一定数量的光伏组件按照需求串、并联后固定在支架上就组成了光伏阵列。图 1-8 为太阳能电池单体、组件、阵列图。

在太阳能发电过程中，太阳能电池片负责将太阳能转化为直流电，光伏组件负责将直流电传输到逆变器中，光伏阵列负责将多块光伏组件连接在一起，形成一个相对较大的发电系统。逆变器将传输过来的直流电转换为交流电，从而送入电网供电。因此，在太阳能发电中，太阳能电池片、光伏组件、光伏阵列都起着至关重要的作用。

总之，太阳能电池片、光伏组件和光伏阵列是太阳能发电的三个重要组成部分。太阳能电池片是光伏组件的基本单元，光伏组件是太阳能发电的基本部件之一，光伏阵列则是多块光伏组件组成的发电系统。只有这三个部分相互配合，才能实现太阳能发电。

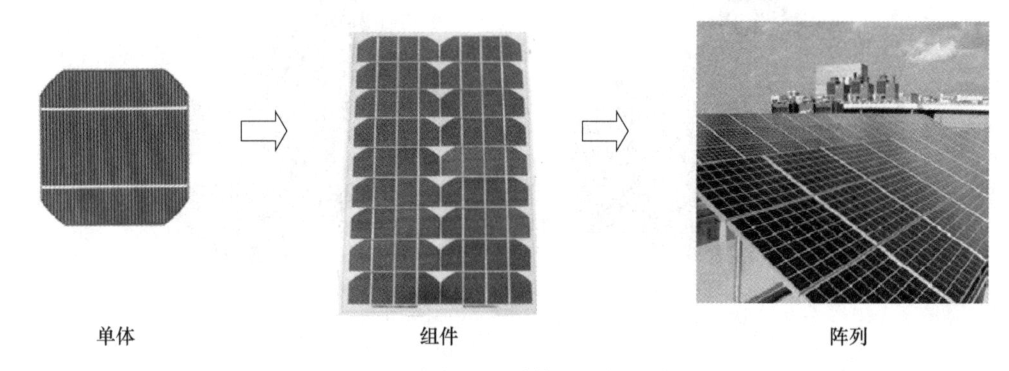

图 1-8 太阳能电池单体、组件、阵列图

2. 蓄电池组

太阳能电池阵列是光伏电站唯一的能量来源，由于太阳能辐射的阴晴变化无常，光伏发电场的输出功率和能量随时在波动，使得负载无法获得持续而稳定的电能供应，电力负载与电力生产量之间无法匹配。解决上述问题，除了发展大面积高能效的光伏电池板外，还需要利用某种能量储存装置将光伏阵列生产的电能暂时储存起来，并使输出与负载平衡。太阳能光伏发电系统最普遍使用的能量储存装置就是蓄电池组，白天将太阳能电池阵列的直流电转换为化学能储存起来，并随时向负载供电。同时，蓄电池组还能在光照强度或设备耗电突然发生变化时，起一定的调节作用，使电压趋于平稳，提高了系统的供电质量。

光伏发电系统对所用蓄电池组的基本要求是：使用寿命长、深放电能力强、充电效率高、少维护或免维护、工作范围宽、价格低廉。

蓄电池有铅酸蓄电池、碱性蓄电池、锂离子蓄电池、镍氢蓄电池等，各种蓄电池外形如图 1-9 所示，它们分别广泛应用于不同的场合或产品中，由于容量、性能及成本的原因，目前在国内与光伏发电系统配套使用的蓄电池主要是铅蓄电池。

3. 控制器

延长蓄电池的使用寿命的主要措施是对它的充放电条件进行控制，在光伏系统中用来控制充放电条件的设备就是光伏控制器，光伏控制器检测蓄电池的电压或荷电状态，并根据检测结果发出继续充、放电或终止充、放电的指令。

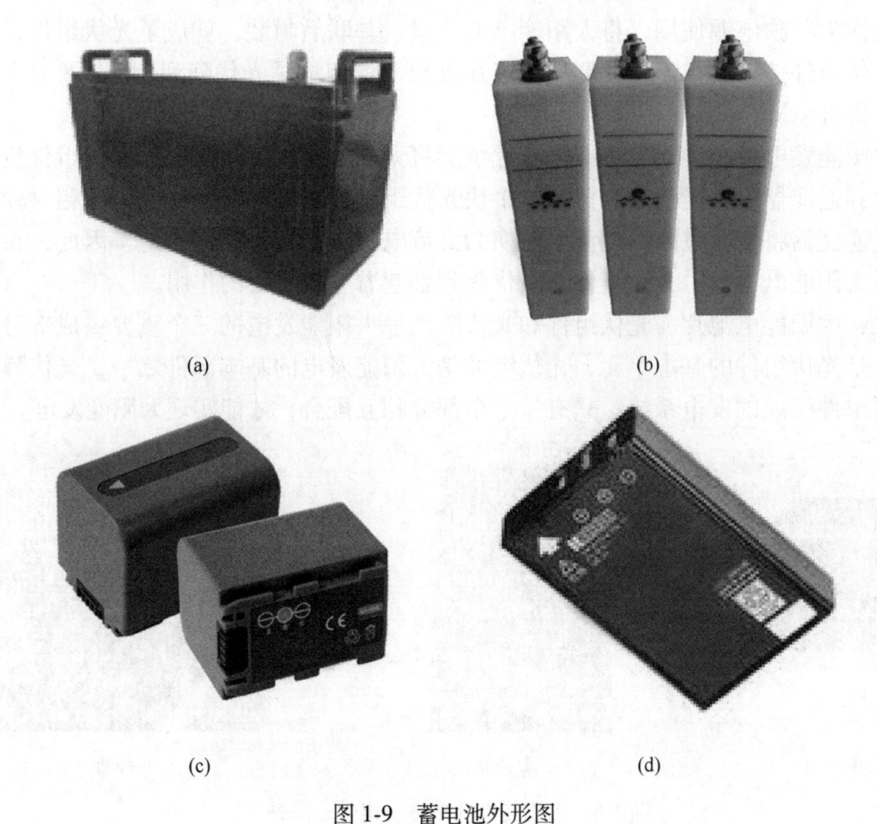

(a)　(b)　(c)　(d)

图 1-9　蓄电池外形图

（a）铅酸蓄电池外形图；（b）碱蓄电池外形图；（c）锂离子蓄电池外形图；（d）镍氢蓄电池外形图

太阳能电池板经过光线照射后发生光电效应产生电流，由于材料和光线所具有的属性和局限性，其生成的电流也是具有波动性的曲线，如图 1-10 所示。

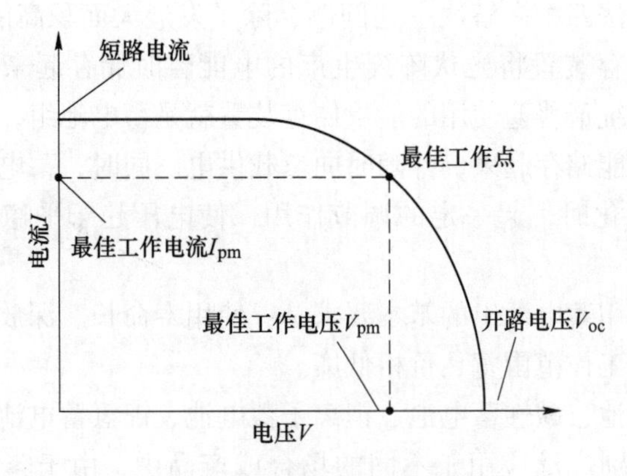

图 1-10　电池组件电流-电压

如果将所生成的电流直接充入蓄电池内或直接给负载供电，则容易造成蓄电池和负载的损坏，严重缩短了它们的寿命。因此必须把电流先送入光伏控制器，如图 1-11 所示，采用一系列专用芯片电路对其进行数字化调节，并加入多级充放电保护，确保电池和负载的运行安全和使用寿命。对负载供电时，也是让蓄电池的电流先流入太阳能控制器，经过它的调节后，再把电能送入负载。这样做一是为了稳定放电电流；二是为了保证蓄电池不被过放电；三是可对负载和蓄电池进行一系列的监测保护。

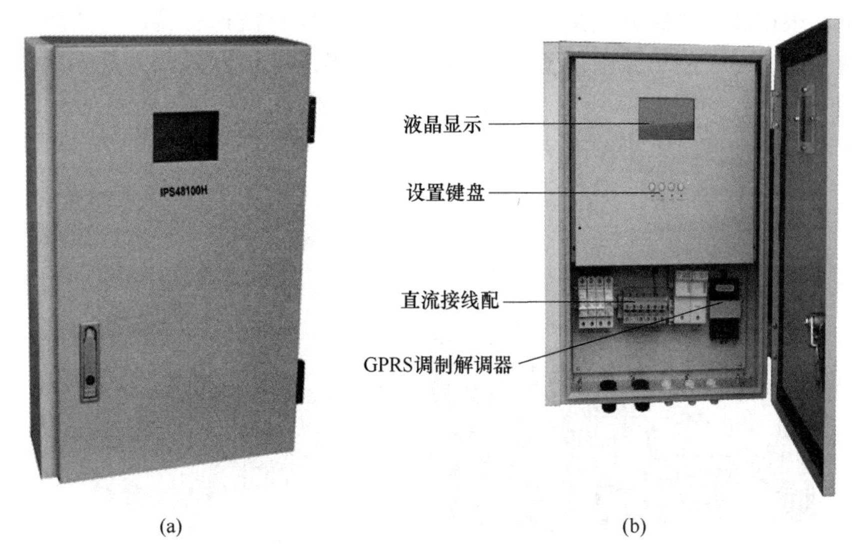

(a)　(b)

图 1-11　控制器

（a）控制器外形图；（b）控制器主要功能区

按照输出功率的大小来分，光伏控制器可分为小功率光伏控制器、中功率光伏控制器、大功率光伏控制器；按照电路方式的不同可分为并联型、串联型、多路控制型、最大功率跟踪型、双电压控制型；按放电过程控制方式的不同可分为常规过放电控制型和剩余电量放电全过程控制型。

目前出现了用微处理的电路，实现了软件编程和智能控制，数据采集并显示和远程通信功能的智能控制器。尽管控制器根据光伏发电系统的不同其复杂程度有所不同，但都具有以下功能。

（1）高压断开和恢复功能。控制器具有输入高压断开和恢复连接功能。

（2）欠压警告断开和恢复功能。当蓄电池电压降到欠压设定时发出声光警告信号，并停止蓄电池向负载供电；当蓄电池电压恢复到欠压设定值以上时，恢复蓄电池向负载供电。

（3）保护功能。控制器具有负载短路保护电路，控制器内部短路保护电路，蓄电池通过太阳能电池组件反向放电保护电路，负载、太阳能电池组件或蓄电池极性反接保护电路，在多雷地区防止由于雷击引起的击穿保护电路。

（4）温度补偿功能。当环境温度升高（降低）时，电池所允许的浮充电压值将有所下降（升高），若此时还采用 25 ℃时的浮充电压，电池将会处于过（欠）充电状态，如果长期这样，显然会加速电池的老化。为了解决这一问题，控制器须具有温度补偿功能。通常铅酸蓄电池单体的温度补偿系数可取−4 mV/℃。

4. 逆变器

将直流电转化交流电的过程称为逆变，实现逆变过程的装置称为逆变器。光伏逆变器除了具有将直流转化交流功能外，还具有自动运行和停机、防孤岛效应、最大功率跟踪控制（MPPT）等功能。

逆变器又称电源调整器，根据逆变器在光伏发电系统中的用途可分为独立型电源用和并网用两种。根据波形调制方式又可分为方波逆变器、阶梯波逆变器、正弦波逆变器和组合式三相逆变器。对于用于并网系统的逆变器，根据有无变压器可分为变压器型逆变器和无变压器型逆变器，如图 1-12 所示。在太阳能发电系统中，逆变器效率的高低是决定太阳电池容量和蓄电池容量大小的重要因素。

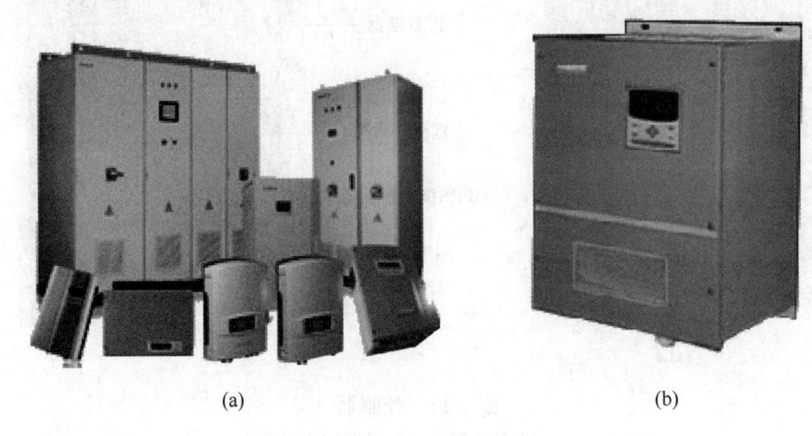

(a)　　(b)

图 1-12　逆变器

（a）变压器型逆变器；（b）无变压器型逆变器

逆变器具有很强的功能，归纳起来有直流转换交流功能、自动运行和停机功能、最大功率跟踪控制功能、防孤岛效应功能（并网系统用）、电压自动调整功能（并网系统用）、直流检测功能（并网系统用）、直流接地检测功能（并网系统用）。这里简单介绍自动运行和停机功能及最大功率跟踪控制功能。

（1）自动运行和停机功能。早晨日出后，太阳辐射强度逐渐增强，太阳电池阵列的输出也随之增大，当达到逆变器工作所需的输出功率后，逆变器即自动开始运行。进入运行后，逆变器便时刻监视太阳电池阵列的输出功率，只要太阳电池阵列的输出功率大于逆变器工作所需的输出功率，逆变器就持续运行，直到日落停机，即使阴雨天逆变器也能运行。当太阳电池阵列输出功率变小，逆变器输出接近 0 时，逆变器便处于待机状态。

（2）最大功率跟踪控制功能（MPPT）。太阳电池组件的输出功率是随太阳辐射强度和太阳电池组件自身温度（芯片温度）而变化的。另外由于太阳电池组件具有电压随电流增大而下降的特性，因此存在能获取最大功率的最佳工作点。太阳辐射强度是变化着的，显然最佳工作点也是在变化的。相对于这些变化，始终让太阳电池组件的工作点处于最大功率点，系统始终从太阳电池组件获取最大输出功率，这种控制就是最大功率跟踪控制。太阳能发电系统用的逆变器的最大特点就是包括了最大功率点跟踪（MPPT）这一功能。

MPPT 控制，使逆变器的直流工作电压在每隔一定时间稍微变动，如图 1-13 所示，然后测量此时的太阳能电池的输出功率并与前一次比较，如图 1-13 所示，在 A 点将工作电压从 V_1 变化到 V_2，若 $P_1>P_2$，则把工作电压调回到 V_1；若 $P_1<P_2$，则把工作电压调到 V_2，这样反复进行比较，总让系统工作在最大功率点。

（3）防孤岛效应功能。与电网并网的光伏发电系统正常运行过程，当公共电网处由于

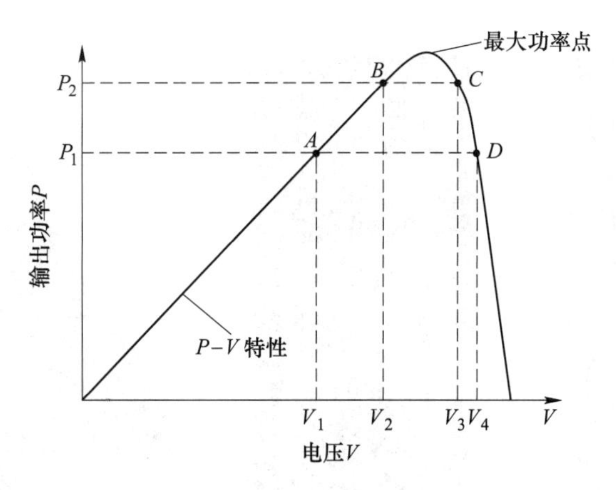

图 1-13　最大功率跟踪原理

异常而停电时，光伏发电系统仍可能持续向电力线路送电，并与本地负载连接处于独立运行状态，这种运行状态称为“孤岛效应”，孤岛效应的发生会产生严重的后果：

1）孤岛中的电压和频率无法控制，可能对用电设备造成损坏；

2）孤岛中的线路仍然带电，会对维修人员造成人身危险；

3）当电网恢复正常时有可能造成非同相合闸，导致线路再次跳闸，对光伏并网正弦波逆变器和其他用电设备造成损坏；

4）孤岛效应时，若负载容量与光伏并网器容量不匹配，会造成对正弦波逆变器的损坏；

5）孤岛状态下的光伏发电系统脱离了监控，这种运行方式是不可控和高隐患的。

因此为了确保维修作业人员的安全，在逆变器电路中须有能检测出单独运行状态，并使光伏系统停止运行或与电网系统自动分离的功能。

（4）电压自动调整功能。对于并网光伏发电系统存在电能输送到公共电网的情况，受电点的电压升高，超出电力公司的规定运行范围。为了避免这些问题，要设置自动电压调整功能，防止电压上升。

任务二　光伏组件结构

学习目标：

（1）熟悉光伏组件结构；

（2）了解光伏组件性能参数。

一、光伏组件结构

市场上应用较多的太阳能电池组件可分为单晶硅太阳能电池组件、多晶硅太阳能电池组件，以及非晶硅薄膜太阳能电池组件，三种太阳能电池组件实物如图 1-14 所示，本书中太阳能电池组件均指单晶硅组件。

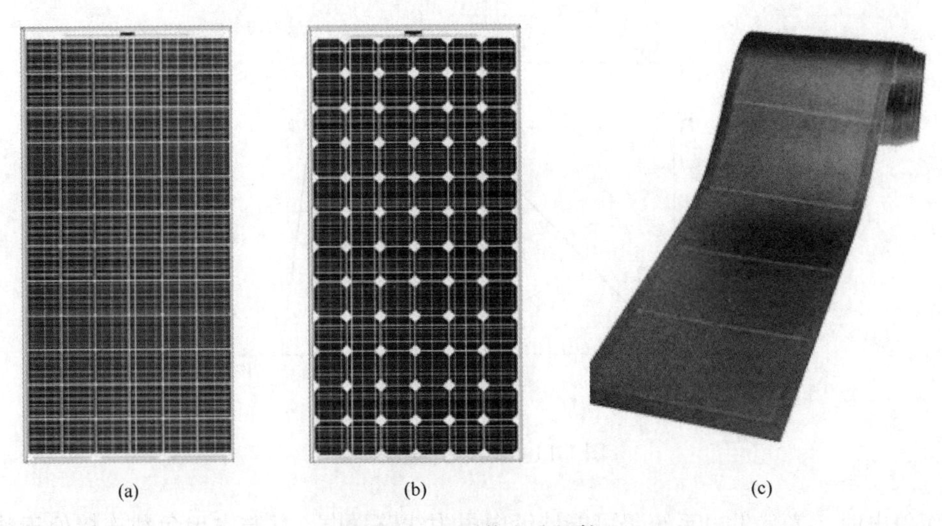

图 1-14　太阳能电池组件
（a）多晶硅组件；（b）单晶硅组件；（c）薄膜组件

图 1-15 为光伏组件结构图，由图可知光伏组件从受光面到背光面大致分为五层结构。

第一层：受光面，低铁、超白、绒面钢化玻璃（玻璃架空后采用 ϕ38 mm 钢球垂直距离 1 m 掉下，玻璃完好无损）。

第二层：EVA 胶（乙烯与醋酸乙烯共聚物）。

第三层：电池片，用互连条（薄铜片条）串联后从接线盒引出。

第四层：EVA 胶（乙烯与醋酸乙烯共聚物）。

第五层：背光面，TPT（薄膜-聚酯-薄膜复合材料，简称塑料王）。

五层结构叠加后，用铝合金边框紧固，加装接线盒，为防止热斑效应，盒内装有 1 ~ 3 个旁路二极管，2 根 4 mm^2 光伏专用电缆引出 0.9 m，接上 MC4 插头。

图 1-15　光伏组件结构示意图

二、太阳能电池组件主要性能参数

（1）短路电流 I_{sc}：将太阳能电池组件正负极短路的电流，一般在 5 ~ 9 A。随着电池片面积越做越大，短路电流值也在增加。

（2）开路电压 V_{oc}：将太阳能电池组件正、负极分开，测量其两端的电压即为开路电压，其大小取决于电池片的数量及电池片连接方式。

（3）峰值电流 I_{mp}：又称工作电流，是太阳能电池组件输出最大功率（标称值）时的电流，一般比短路电流小 0.3~0.7 A。

（4）峰值电压 V_{mp}：又称工作电压，是太阳能电池组件输出最大功率（标称值）时的电压，一般比开路电压小 20%左右。

（5）峰值功率 P_{max}：又称最大输出功率，是太阳能电池组件峰值电压与峰值电流的乘积，峰值功率单位是 W，峰值功率的大小取决于太阳辐照度。电池组件的标称功率一般是按峰值功率标注，单位是 W_P（P 表示标准测试条件）。其出厂测试条件为：大气质量为 AM1.5，辐照度为1 kW/m^2，温度为 25 ℃。

（6）填充因子 FF：由于太阳能电池组件的输出电压与电流的特性曲线是非线性的，在非线性曲线的某一点可以得到峰值电压 V_{mp}和峰值电流 I_{mp}，这一点就是峰值功率 P_{max}。

$$FF=(V_{mp}\times I_{mp})\div(V_{oc}\times I_{sc})=P_{max}\div(V_{oc}\times I_{sc})$$

FF 是评价太阳能电池组件性能好坏的重要参数，其值越大，太阳能电池组件的伏安（I-V）特性曲线越接近矩形，如图 1-16 所示，图（b）的 FF 要优于图（a）的。

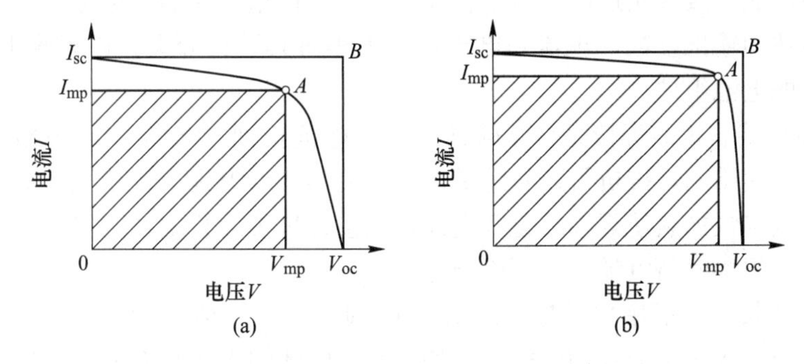

图 1-16　不同填充因子电池组件伏-安特性曲线

（7）转换效率 η：η=电能÷光能=电池组件峰值功率 P_{max}÷(电池组件面积×1000 W/m^2)，其值一般在 15%~20%，但是也有一些高效率的太阳能电池板，其光电转换效率可以达到 25%~30%。说明太阳能电池组件属于低密度能量器件，由此可知太阳能光伏发电场的占地面积是非常之大。

要提高太阳能电池板的光电转换效率，首先要确保太阳能电池板的结构设计合理，其次要使用高效的太阳能电池板，最后要确保太阳能电池板的安装位置正确，以便获得最佳的太阳光照射。此外，还可以采用一些技术手段来提高太阳能电池板的光电转换效率，比如采用多层薄膜技术、陷光结构、钝化技术等。这些技术都可以有效地提高太阳能电池板的光电转换效率。

任务三　晶体硅光伏组件生产工艺

学习目标：

（1）熟悉光伏组件总体工艺流程；

（2）了解组件生产各工艺环节。

光伏组件生产的具体工艺流程可分为焊接、叠层、层压、EL 测试、装框、装接线盒、清洗、IV 测试、成品检验、包装等，其中技术和价值量最高的环节为焊接和层压。本任务主要介绍光伏组件总体工艺流程及主要设备。

一、工艺流程

光伏组件生产工艺流程是：

电池检测→正面焊接、检验→背面串接、检验→敷设（玻璃清洗、材料切割、玻璃预处理、敷设）→层压→去毛边（去边、清洗）→装边框（涂胶、装角键、冲孔、装框、擦洗余胶）→焊接接线盒→高压测试→组件测试、外观检验→包装入库。

二、工艺简介

（1）电池测试。由于电池片制作条件的随机性，生产出来的电池性能不尽相同，所以为了有效地将性能一致或相近的电池组合在一起，应根据其性能参数进行分类；电池测试即通过测试电池的输出参数（电流和电压）的大小对其进行分类，以提高电池的利用率，做出质量合格的电池组件。

（2）正面焊接。正面焊接是将互联条焊接到电池正面（负极）的主栅线上，汇流带为镀锡的铜带，使用的焊接机可以将焊带以多点的形式点焊到主栅线上。焊接用的热源为电铬铁，利用电铬铁加热使焊锡熔化和电池片连接，焊带的长度约为电池边长的 2 倍，多出的焊带在背面焊接时与电池片背面电极相连。

（3）背面串接。背面串接是将电池串接在一起形成一个组件串。电池的定位主要靠一个模具板，上面有放置电池片的凹槽，槽的大小和电池的大小相对应，槽的位置已经设计好，不同规格的组件使用不同的模板。

操作者使用电烙铁和焊锡丝将“前面电池”的正面电极（负极）焊接到“后面电池”的背面电极（正极）上，这样依次将电池片串接在一起并在组件串的正负极焊接出引线。

（4）敷设。背面串接好且经过检验合格后，将串接电池片、玻璃、切割好的 EVA、背板按照一定的层次敷设好，准备层压。玻璃事先涂一层试剂，以增加玻璃和 EVA 的粘接强度。

敷设时保证电池串与玻璃等材料的相对位置，调整好电池间的距离，为层压打好基础。敷设层次由下向上依次是玻璃、EVA、电池、EVA、背板。

（5）组件层压。将敷设好的电池放入层压机内，通过抽真空将组件内的空气抽出，然后加热使 EVA 熔化将电池、玻璃和背板粘接在一起；最后冷却取出组件。层压工艺是组件生产的关键一步，层压温度、层压时间根据 EVA 性质决定。目前主要使用快速固化 EVA，层压循环时间约为 25 min，固化温度为 150 ℃。

（6）修边。层压时，EVA 熔化后由于压力而向外延伸固化形成毛边，所以层压完毕应将其切除。

（7）装框。类似于给玻璃装镜框一样给玻璃组件装铝合金框，增加组件的强度，进一步地密封电池组件，延长电池的使用寿命。边框和玻璃组件的缝隙用聚硅氧烷树脂填充，各边框间用角键连接。

（8）焊接接线盒。在组件背面引线处焊接一个盒子，以利于电池与其他设备或电池间的连接。太阳能接线盒为用户提供了太阳能电池板的组合连接方案，它是介于太阳电池组件构成的太阳电池方阵和太阳能充电控制装置之间的连接器，是一门集电气设计、机械设计与材料科学相结合的跨领域的综合设计，属太阳能组件的重要部件。

接线盒的构造：一般太阳能接线盒包括上盖和下盒。上盖与下盒通过转轴连接，其特征在于：在下盒内平行布置有数条接线座，每相邻两接线座之间通过一个或多个二极管连接。上盖或下盒是用导热材料制作的，其产品类型现已有灌胶式接线盒、屏幕墙接线盒、小组件接线盒等。

（9）组件测试。测试的目的是对电池的输出功率进行标定，测试其输出特性，确定组件的质量等级。太阳电池组件参数测量的内容，除常用的和单体太阳能电池相同的一些参数外，还应包括绝缘电阻、绝缘强度、工作温度、反射率及热机械应力等参数。

绝缘电阻测量是测量组件输出端和金属基板或框架之间的绝缘电阻。在测量前先做安全检查，对于已经安装使用的方阵首先应检查对地电位、静电效应，以及金属基板、框架、支架等接地是否良好等。

可以用普通的兆欧表来测量绝缘电阻，但选用电压等级大致和待测方阵的电路开路电压相当的兆欧表。测量绝缘电阻时，大气的相对湿度应不大于75%。绝缘强度是绝缘本身耐受电压能力。

作用在绝缘上的电压超过某临界值时，绝缘将损失而失去绝缘作用。通常，电力设备的绝缘强度用击穿电压表示；而绝缘材料的绝缘强度则用平均击穿电场强度（简称击穿场强）来表示。击穿场强是指在规定的实验条件下，发生击穿的电压除以施加电压的两电极之间的距离。

在室内测试和室外测试两种情况下，对参考组件的形状、尺寸、大小的要求不一致。在室内测试的情况下，要求参考组件的结构、材料、形状、尺寸等都尽可能和待测试组件相同。而在室外阳光下测试时，上述要求可稍微放宽，即可以采用尺寸较小、形状不完全相同的参考组件。在组件参数测量中，采用参考组件来校准辐照度要比直接用标准太阳电池来校准辐照度更好。

地面用太阳电池组件长年累月运行于室外环境，必须反复经受各种恶劣的气候条件及其他多变的环境条件，并要保证在相当长的额定寿命（通常要求25年以上）内其电性能不发生严重衰退。

高压测试是指在组件边框和电极引线间施加一定的电压，测试组件的耐压性和绝缘强度，以保证组件在恶劣的自然条件（比如雷击等）下不被损坏。

振动、冲击检测：振动及冲击试验的目的是考核其耐受运输的能力。振动时间为法向20 min、切向20 min，冲击次数为法向、切向各3次。

冰雹实验：在近海环境中使用的太阳电池组件应进行此项试验，在5%氯化钠水溶液的雾气中储存96 h后，检查外观、最大输出功率及绝缘电阻。更严格的检验还有地面太阳光辐照试验、扭弯试验、恒定湿热储存、低温储存和温度交变检验等。

在每一个项目进行前后均需观察和检查组件外表有无异常现象，最大输出功率的下降是否大于5%，凡是外观发生异常或最大输出功率下降大于5%者均为不合格，这是各项试验的共同要求。

（10）包装入库。太阳电池组件验收合格后就可以包装入库。

随着各种新材料的出现和制造工艺的改进，光伏组件的转换效率和寿命将会得到提高，而成本也会进一步降低。

任务四　光伏发电原理试验

一、试验目的

了解太阳能电池发电原理试验。

二、试验原理

太阳能电池是一种以 PN 结上接收太阳光照产生光生伏特效应为基础，直接将太阳光的辐射能量转化为电能的光电半导体薄片，它只要一受到光照，瞬间就可输出电压及电流。其原理是：当太阳光照射到半导体表面时，半导体内部 N 区和 P 区中原子的价电子受到太阳光子的冲击，获得超脱原子束缚的能量，由此在半导体材料内形成非平衡状态的电子——空穴对。少数电子和空穴，或自由碰撞，或在半导体中复合恢复平衡状态，其中，复合过程对外不呈现导电作用，属于光伏电池能量自动损耗部分。一般大多数的少数载流子（少数载流子简称少子）由于 PN 结对少数载流子的牵引作用而漂移，通过 PN 结到达对方区域，对外形成与 PN 势垒电场方向相反的光生电场。一旦接通电路就有电能对外输出。

太阳能电池由 P 型半导体和 N 型半导体结合而成，N 型半导体中含有少数载流子空穴，而 P 型半导体中含有少数载流子电子。当 P 型和 N 型半导体结合时，在结合处会形成势垒电势。光照前组件载流子分布情况如图 1-17 所示。

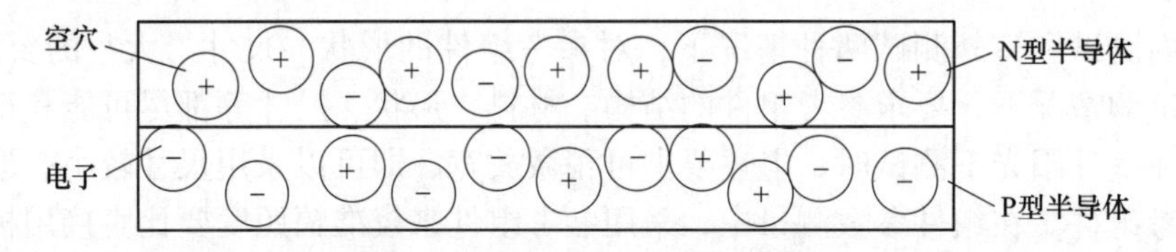

图 1-17　光伏组件未受光照状态

电池板在受光照过程中，带正电的空穴往 P 型区漂移，带负电子的电子往 N 型区漂移，PN 结形成与势垒电场相反的光电电场，并随着电子和空穴不断移动而增强。光照后组件载流子分布情况如图 1-18 所示。

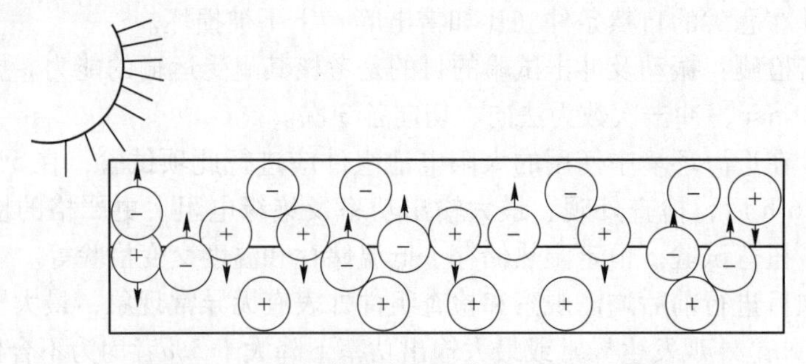

图 1-18　光伏组件受光照后载流子运动示意图

一段时间后，电子和空穴的漂移和自由扩散达到平衡，光电电场最终达到饱和。在接上连线和负载后，电子从电池板的 N 区流出，通过负载到达 P 区，就形成电流。光照后载流子达到动态平衡示意图如图 1-19 所示。

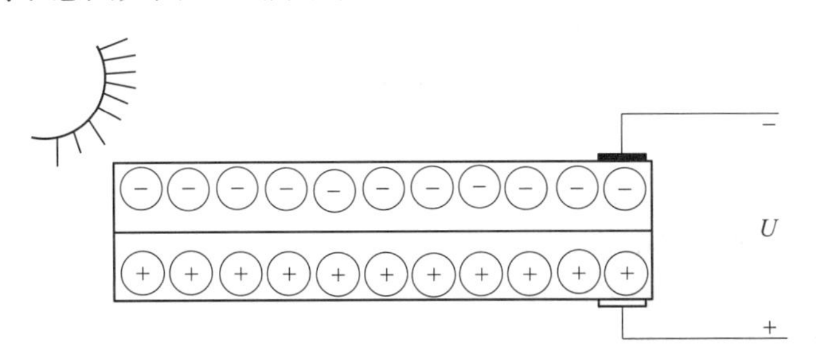

图 1-19　光照一段时间后载流子分布情况示意图

三、试验步骤

图 1-20 是光伏发电原理试验电路连接图，试验步骤如下：

(1) 按照图接线，打开总电源开关（电源开关“开”位置），此时电源主电路输出 220 V 交流电。

(2) 通过调节“调节亮度”的旋钮，会发现直流电压表的电压随着光照强度的递增而增加。

(3) 试验结束后，将“调节亮度”的旋钮逆时针打到最低，关闭光源电源开关，最后关断实验台总电源，拆除试验连接线。

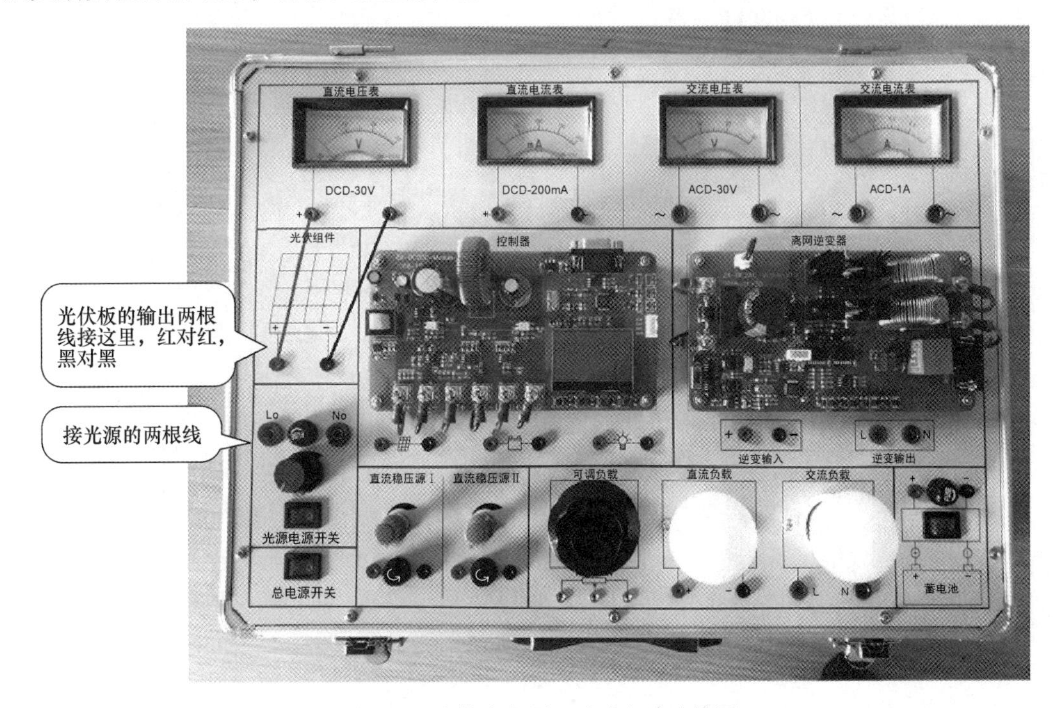

图 1-20　光伏发电原理试验电路连接图

四、结果分析

对试验数据及试验现象进行必要的理论分析。

思　考　题

（1）简述光伏发电系统工作原理。
（2）光电转换与光热转换的区别是什么？
（3）光伏组件的构成材料有哪些？
（4）简述光伏组件的分类。
（5）简述光伏组件的生产工艺。

项目二 电池片的分选检测

太阳能电池片在制作过程中，很难做到物理化学性质处处一致，生产出来的电池片即使来自同一个硅棒或硅锭，性能也有所差别，为了在制造光伏组件时能提高电池片的利用率，有效地将性能参数相近或一致的电池片组合在一起，就要根据其性能参数及外观要求等通过检测进行分类，这一工序称为电池片的分选检测。

电池片的分选是根据电池片输出电流、电压、功率等参数值的大小对其进行分类。选用的设备是分选仪，可以对单片电池片进行电压、电流、功率等性能参数的检测。在实际生产中，还需要对电池片的外观进行分选，重点是电池片与电池片之间的色差和栅线尺寸等。

任务一 电池片的外观检测

学习目标：

（1）了解外观检测项目和标准；

（2）掌握相关检测设备的操作方法。

电池片的外观检查主要是依据电池片外观检验项目和标准的要求进行目视检测和测量检查，以检验其外观是否合格。外观检查的常用工具有钢直尺、游标卡尺等。

一、工具的使用方法

钢直尺是常用量具中最简单的一种量具。可用测量工件的长度、宽度、高度和深度等，规格有 150 mm、300 mm、500 mm 和 1000 mm 四种。钢直尺用于测量零件的长度尺寸，它的测量结果不太准确。这是由于钢直尺的刻线间距为 1 mm，而刻线本身的宽度就有 0.1~0.2 mm，所以测量时读数误差比较大，只能读出毫米数，即它的最小读数值为 1 mm，比 1 mm 小的数值，只能估计获得。

游标卡尺是一种中等精密度的量具。可以直接测量出工件外径、内径、长度、宽度、深度和孔距等尺寸。游标卡尺由主尺和附在主尺上能滑动的游标两部分构成。主尺一般以毫米为单位，而游标上则有 10 个、20 个或 50 个分格，根据分格的不同，游标卡尺可分为十分度游标卡尺、二十分度游标卡尺、五十分度格游标卡尺等。游标卡尺的主尺和游标上有两副活动量爪，分别是内测量爪和外测量爪，内测量爪通常用来测量内径，外测量爪通常用来测量长度和外径。

读数时首先以游标零刻度线为准在尺身上读取毫米整数，即以毫米为单位的整数部分。然后看游标上第几条刻度线与尺身的刻度线对齐，如第 6 条刻度线与尺身刻度线对齐，则小数部分即为 0.6 mm（若没有正好对齐的线，则取最接近对齐的线进行读数）。如有零误差，则一律用上述结果减去零误差（零误差为负，相当于加上相同大小的零误差），读数结果为：

$$L = 整数部分 + 小数部分 - 零误差$$

判断游标上哪条刻度线与尺身刻度线对准，可用下述方法：选定相邻的三条线，如左侧的线在尺身对应线左右，右侧的线在尺身对应线之左，中间那条线便可以认为是对准了。如果需测量几次取平均值，不需每次都减去零误差，最后计算结果时减去零误差即可。

二、检验项目和标准

电池片外观检验项目和标准见表 2-1，检查时可按照表中的序号顺序依次进行。

表 2-1　电池片外观检验项目和标准

<table>
<tr><th>序号</th><th>项目</th><th>参数</th><th>A+片规格</th><th>A 级片规格</th><th>B 级片规格</th></tr>
<tr><td>1</td><td>尺寸检验</td><td>翘曲度</td><td>翘曲度小于 3.5 mm</td><td colspan="2"></td></tr>
<tr><td>2</td><td rowspan="6">外观检验</td><td>颜色等级</td><td colspan="3">浅蓝、深蓝、蓝红和深红</td></tr>
<tr><td>3</td><td>片间色差</td><td colspan="3">整体颜色统一，包装时必须保证同一档位内电池片颜色相近，不可有明显颜色过渡</td></tr>
<tr><td>4</td><td>正面印刷的污点（漏浆点，色斑，脏印、水纹、划痕）</td><td>（1）正面无水渍、脏印；
（2）正面无色斑；
（3）正面无漏浆点</td><td>（1）正面无水渍、脏印；
（2）色斑、脏印、发黑部分在 50 cm 垂直距离观察不会造成色差；
（3）栅线外的漏浆点小于 0.5 mm，栅线上的漏浆点小于 0.5 mm 少于 3 处且不连续分布</td><td>（1）像裂纹的水纹是不允许的；
（2）呈十字方向的划痕是不允许的，线状划痕长度不得超过 3 根细栅线之间的宽度</td></tr>
<tr><td>5</td><td>正面印刷</td><td>（1）正面无虚印；
（2）正面无断线</td><td>（1）方向正确清晰，无浆料污染，不允许重复印刷；
（2）整根银线中虚印长度小于 7 mm；
（3）断线小于 0.5 mm，少于 4 处且不连续分布，同一根栅线上不得有 2 条</td><td>正电极和细栅线接触处断线不大于 1 mm，细栅线上断线长度介于 0.5 ~ 2 mm，少于 5 处</td></tr>
<tr><td>6</td><td>背面印刷的污点</td><td>（1）背面印刷无污染；
（2）背电极印刷无缺失</td><td>（1）轻微的浆料颜色不协调是允许的；
（2）污点不能接触到电池片边缘；
（3）背电极印刷无缺失</td><td>背电极缺失面积不大于 10 mm²</td></tr>
<tr><td>7</td><td>背面印刷</td><td>（1）背面印刷无铝包；
（2）背面印刷无铝珠；
（3）背电场印刷无缺失</td><td>（1）单个铝包面积不大于 4 mm²，不平整或者铝包的高度不大于 0.2 mm，不允许存在尖锐状的铝包；
（2）无铝珠；
（3）背电场印刷无缺失</td><td>背电场缺失面积不大于 50 mm²，背电极和背电场完整套印，不能偏移</td></tr>
</table>

续表 2-1

序号	项目	参数	A+片规格	A 级片规格	B 级片规格
8	外观检验	印刷偏移	印刷无偏移	（1）沿背电极方向，背电场偏移距离小于 1 mm，垂直于背电极的方向偏移小于 0.5 mm；（2）电池片正面印刷四周栅线与边缘的偏移量小于 0.5 mm	
9		崩边	无崩边	离电池片边缘 0.3 mm 以内允许深度小于 0.1 mm、长度小于 0.5 mm 的片面崩边 1 个	
10		完整性	穿孔、缺角、裂片、碎片不允许		
11	等级类型	C 级片规格	外观超出 A 级片 B 级片范围的及边缘崩边不大于 1 mm 的电池片属于 C 级片		
12		D 级片规格	D 类片类型：背铝脱落、十字交叉、正栅线氧化、正栅浆料污染面积不大于 100 mm^2，两次印刷等		

三、分选的注意事项

（1）不同类型的电池片单独分开检验、包装入库。

（2）不同挡位的电池片检验时防止混淆。

（3）在重点进行正面印刷状况检验的基础上加强对背面印刷烧结状况的检查。

（4）发现问题时及时通知相关部门。

四、电池片外观检验分选作业流程

电池片通过外观检验分选的作业流程如下。

（1）仪器、工具、材料。

1）所需原、辅材料，包装完好的电池片。

2）设备、工装及工具，美工刀、指套、存放电池片的盒子。

（2）准备工作。

1）清洁工作台面，保持环境整洁，防止电池片污损。

2）按车间着装规范穿戴工作衣帽、口罩、手套且十指都戴指套。

（3）作业流程。

1）根据生产通知单的要求将电池片按功率等级分配给分选组组员，并做好记录。

2）拆包。

3）轻轻拿起一片电池片，在正常日光灯下，距离眼睛 30~40 cm，目视检查电池片的正、反面。

4）测试合格的同一功率等级、颜色的电池片，每 72 片放入一个流转盒。

5）按要求在工单上填写电池片厂商，组件额定功率，分选人等信息。

（4）注意事项。

1）装有电池片的流转盒须轻拿轻放，不允许堆叠。

2）不良的电池片按不良类型分别放入指定的盒子中。

3）严禁裸手接触电池片。

（5）质量要求。

1）不允许存在V形缺口或裂纹、钝形缺口，崩边长度小于1 mm深度小于0.5 mm且每片电池最多允许存在一个。

2）电池表面主栅线无缺失，主栅线与细栅线交接处允许不大于1 mm的断点，细栅线长度在3 mm以下，且一块电池片副栅线缺失长度总和不大于10 mm。

3）不存在除电池印刷浆料以外玷污，每块电池片玷污面积不大于50 mm^2。

4）减反射膜颜色均匀一致，无明显颜色过度区域。

5）背面场脱落、鼓包单个面积不大于5 mm^2，总面积小于不大于20 mm^2，铝背膜整体均匀一致。

任务二 分选仪的使用

学习目标：

（1）掌握分选仪的操作方法；

（2）掌握检测数据的分析方法。

作为光伏组件加工环节的主要原材料，电池片的性能直接决定光伏组件的质量好坏，因此，除对它的外观、色差和电阻率进行检测外，还要测试电池在特定光照、温度条件下的输出电流、输出电压和稳定耐用性等参数，它的测试主要通过太阳能电池分选仪完成。

太阳能电池分选仪是专门用于太阳能单晶硅和多晶硅电池片分选筛选的设备。它通过模拟太阳光谱光源，对电池片的相关电参数进行测量，根据测量结果将电池片进行分类。常用的分选仪都具有专门的校正装置，可输入补偿参数，进行自动/手动温度补偿和光强度补偿，并具备自动测温与温度修正功能。测试界面显示测试曲线（*I-V*曲线、*P-V*曲线）和测试参数（V_{oc}、I_{sc}、P_m、I_m、V_m、FF、η），每片测试的序列号自动生成并保存到指定文件夹。图2-1是太阳能电池分选仪。

一、工作环境

工作温度：0~55 ℃。

储存温度：-25~75 ℃。

工作湿度：5%~95%RH。

储存湿度：5%~85%RH。

工作环境：无腐蚀性气体。

二、技术参数

太阳能电池片分选仪技术参数见表2-2。

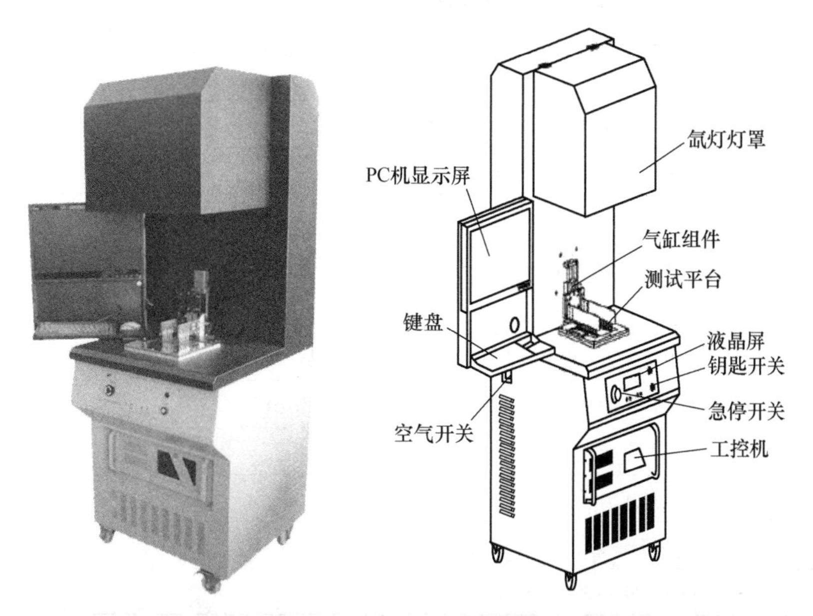

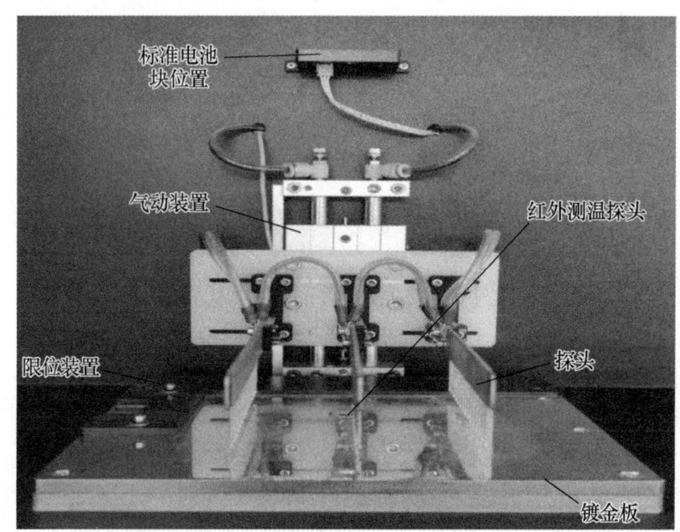

图 2-1　太阳能电池分选仪

表 2-2　太阳能电池片分选仪技术参数

项目	SCT-B	SCT-A	SCT-AAA
光源	500 W 功率脉冲氙灯，氙灯寿命为 10 万次		
光强范围	100 mW/cm^2		
光谱	范围符合 IEC60904-9 光谱辐照度分布要求 AM1.5		
辐照度均匀性	±3%	±2%	±2%
辐照度稳定性	±2%	±1%	±1%
测试重复精度	±1%	±0.5%	
闪光时长	10 ms		

续表 2-2

项目	SCT-B	SCT-A	SCT-AAA
数据采集	*I-V*、*P-V* 曲线超过 2000 个数据采集点		
测试面积	250 mm×250 mm		
测试速度	3 s/片		
测量温度范围	0~150 ℃（分辨率 0.1 ℃），红外线测温，直接测量电池片温度		
有效测试范围	0.1~5 W		
测量电压范围	0~0.8 V（分辨率为 1 mV），量程为 1/16384		
测量电流范围	200 mA~20 A（分辨率为 1 mA），量程为 1/16384		
测试参数	I_{sc}、V_{oc}、P_{max}、V_{pm}、I_{pm}、FF、η、T、R_s、R_{sh}		
测试条件校正	自动校正		
工作时间	设备可连续工作 24 h 以上		
电源	单相 220 V/50 Hz/1 kW		

三、操作流程

（1）开机，打开设备侧面的空气开关，释放急停开关。

（2）打开钥匙开关，设备上电。

（3）启动计算机。

（4）点击桌面“SCT. exe”图标。

（5）点击“给电容充电”按钮，此时“当前充电电容状态”会由红色变成绿色。同时“控制面板”上的电压会上升到设定值。图 2-2 为充电前后软件主界面状态。

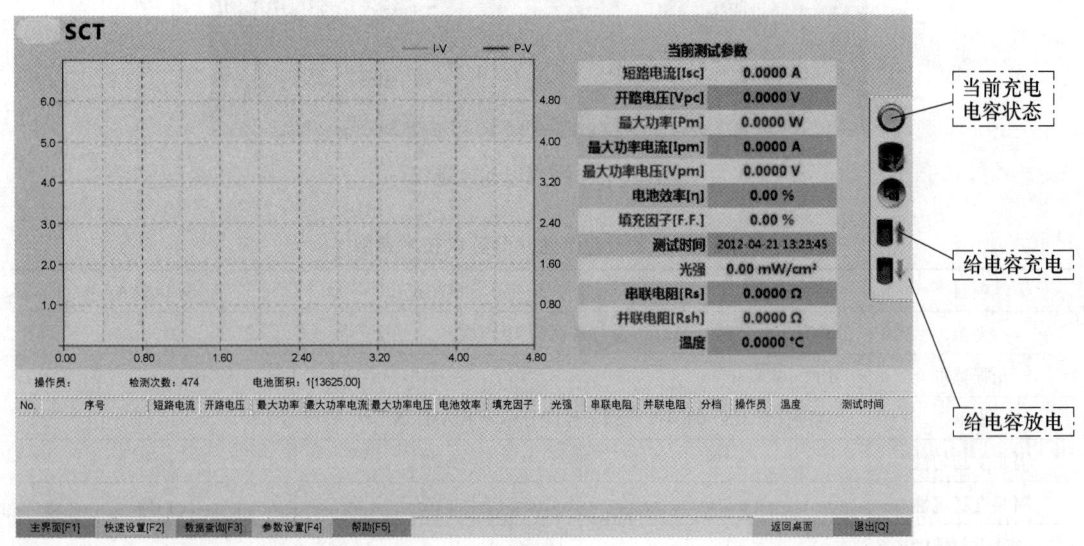

(a)

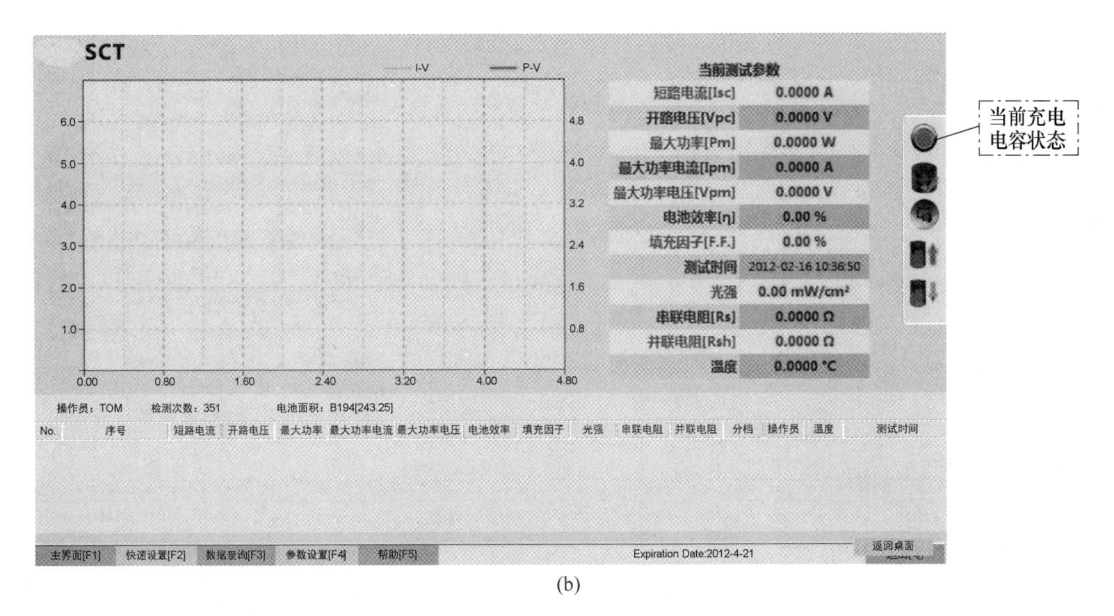

(b)

图 2-2　充电前后软件主界面状态

（a）充电前；（b）充电后

此时控制面板的液晶屏工作状态指示由“STOP”变为“WORK”，设备电容充电，从设备前方的液晶屏可看到充电过程，如图 2-3 所示，设备液晶屏幕中显示为工作状态，此时设备可以开始检测，图中显示的电压仅用于图示说明，实际工作电压出厂前已设定好，请勿擅自修改。

图 2-3　液晶屏界面

（6）将待测电池片放在工作台面上并保证接触良好（探针要压在栅线上）。

（7）踩脚踏即可测试，测试结束后可在屏幕上看到测试结果及曲线。图 2-4 为测试曲线图。

四、参数调整

（1）在软件主界面下选择“参数设置”菜单或按键盘“F4”键，可进入如图 2-5 所示的“电池参数”界面。

（2）点击“电池类型”条目中“增加”按钮，根据实际应用增加电池类型，也可以

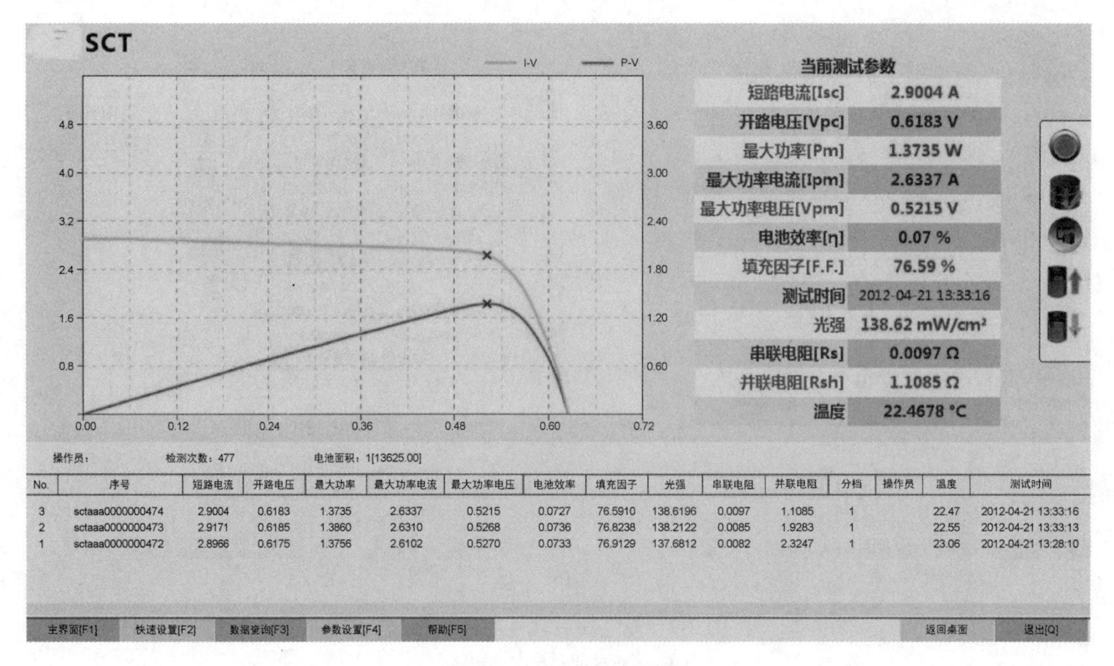

图 2-4　测试曲线图

选中已有的电池类型，对其进行更改。“电池类型名称”可任意输入，“电池面积”请按实际电池片的面积输入，点击“应用”生效。

（3）点击“快速设置”或按键盘上的“F2”键可进入“常规控制”，如图 2-6 所示。

（4）在“电池规格选择”中选择第（2）步中增加或更改的电池类型。

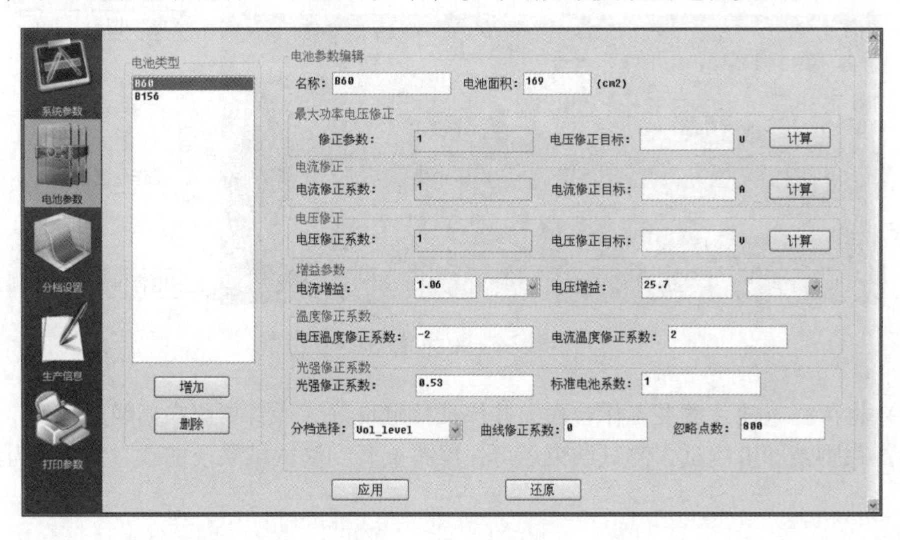

图 2-5　电池参数界面

（5）确定电池类型后，再次返回“电池参数界面”，参数调整操作如下：

1）先将所有参数清零。

2）清除电流修正系数设置。

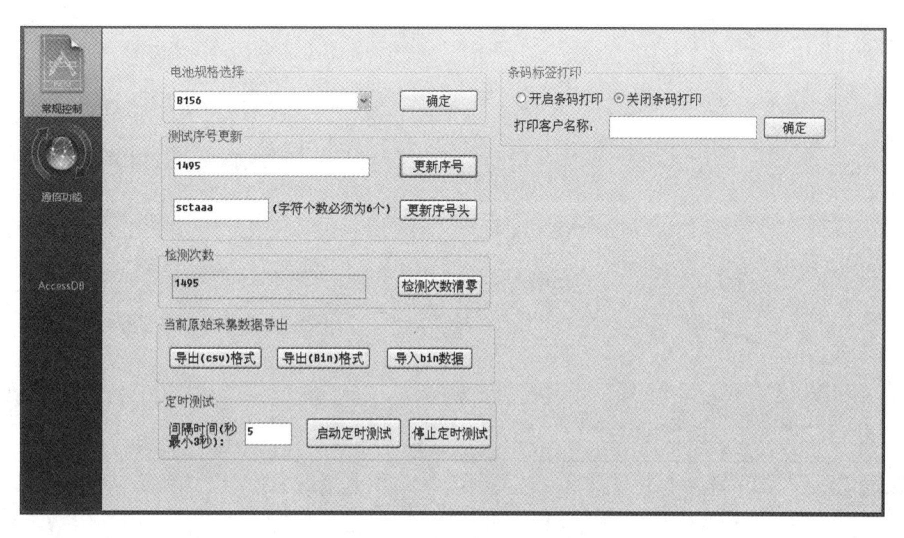

图 2-6　常规控制界面

3）点击“参数设置”选择“电池参数”。

4）在“电流修正目标”对话框（对话框如图 2-7 所示）填入“0”，点击“计算”，此时电流修正系数会变为“1”，然后点击“应用”按钮确认修改。

图 2-7　电流修正目标对话框

5）清除电压修正系数设置，电压修正对话框如图 2-8 所示。

图 2-8　电压修正对话框

6）在“电压修正目标”对话框填入“0”，点击“计算”，此时电压修正系数会变为“1”，然后点击“应用”按钮确认修改。

7）清除曲线修正系数设置，曲线修正系数对话框如图 2-9 所示。

图 2-9　曲线修正系数对话框

8）在“曲线修正系数”对话框填入“0”，点击“应用”按钮，最后点击“确定”按钮。

（6）选择“主界面”或按“F1”，进行测试（踩脚踏）。观察所测试结果如图 2-10 所示。

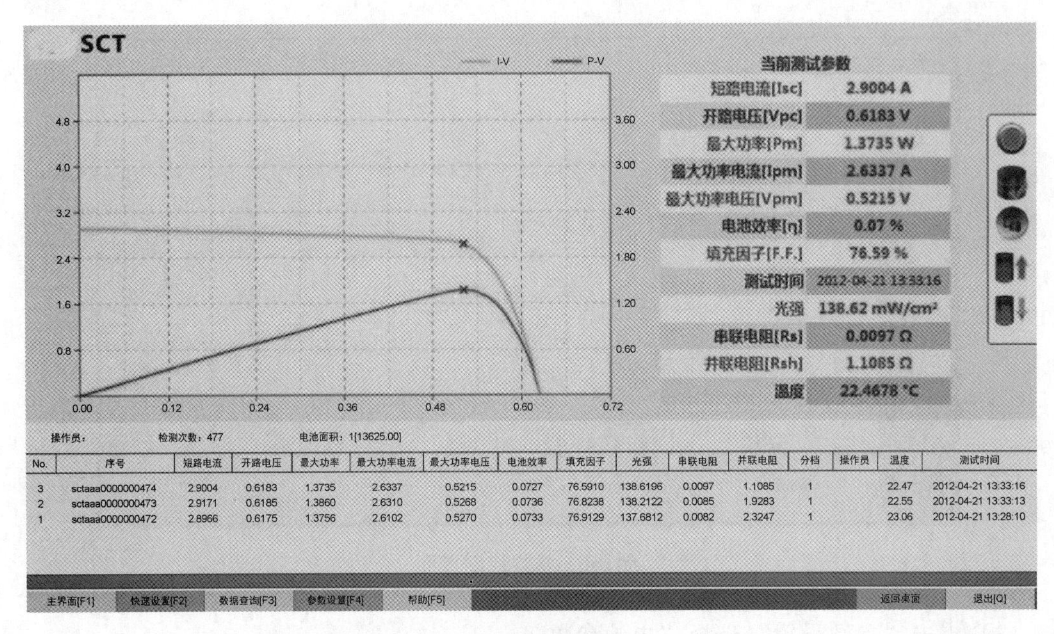

图 2-10　测试结果界面

（7）回到“参数设置”菜单中，如图 2-11 所示，依照标准电池片的参数，输入标准电池片的短路电流、开路电压值并计算。

注意：图 2-11 显示的“电流修正目标”与“电压修正目标”值仅用于图示说明，实际参数请根据不同的标准电池片而定。

将标准电池片的短路电流值输入至“电流修正目标”对话框内，点击“计算”按钮并点击“应用”，对短路电流进行修正。

将标电池片的开路电压值输入至“电压修正目标”对话框内，点击“计算”按钮并点击“应用”，对开路电压进行修正。

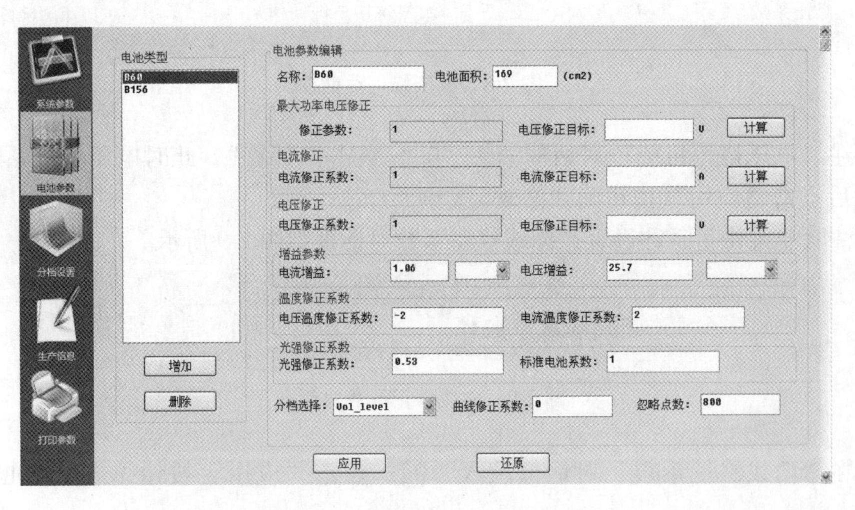

图 2-11　标准电池参数设置界面

（8）选择“主界面”进行测试，观察所测试结果。若此时所测得的“最大功率”与标准组件的“最大功率”有误差，则进行下面“第（9）步”操作。若没有，则直接进行“第（10）步”操作。

（9）在如图 2-12 所示界面下输入“曲线修正系数”值。

图 2-12　曲线修正系数对话框

曲线修正系数中输入值，可对所测试的最大功率进行微调。此值以“0”为基准，数值越大功率越大，数值越小功率越小。

（10）设定光强到 100 mW/cm^2。

（11）点击“参数设置”选择“电池参数”。在“光强修正系数”中输入值，使所测得的光强值在 100 mW/cm^2。此值越大、光强越高，此值越小、光强越低。图 2-13 为光强修正界面。

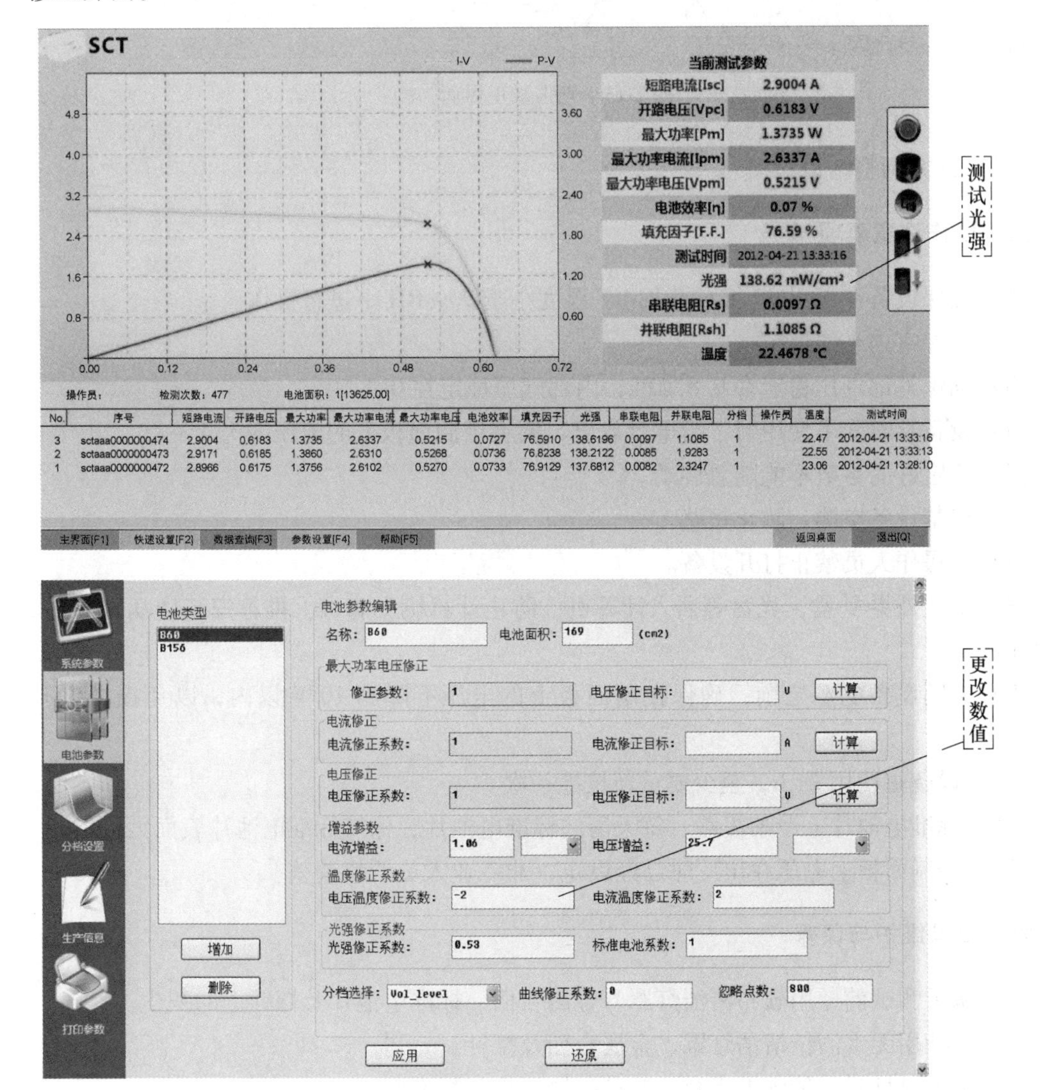

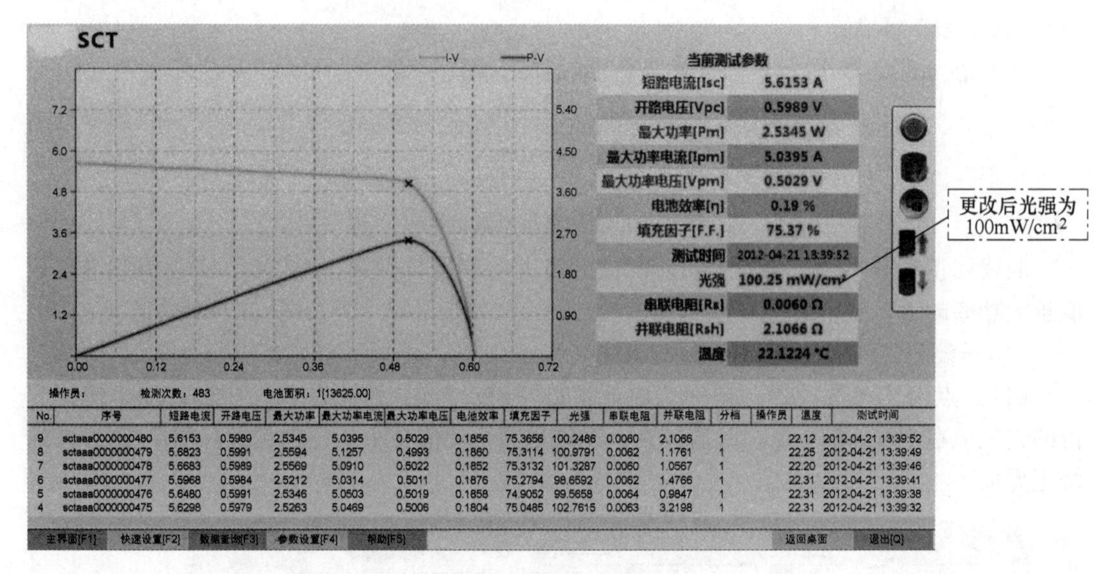

No.	序号	短路电流	开路电压	最大功率	最大功率电流	最大功率电压	电池效率	填充因子	光强	串联电阻	并联电阻	分档	操作员	温度	测试时间
9	sctaaa0000000480	5.6153	0.5989	2.5345	5.0395	0.5029	0.1856	75.3656	100.2486	0.0060	2.1066	1		22.12	2012-04-21 13:39:52
8	sctaaa0000000479	5.6823	0.5991	2.5594	5.1257	0.4993	0.1860	75.3114	100.9791	0.0062	1.1761	1		22.25	2012-04-21 13:39:49
7	sctaaa0000000478	5.6683	0.5989	2.5569	5.0910	0.5022	0.1852	75.3132	101.3287	0.0060	1.0567	1		22.20	2012-04-21 13:39:46
6	sctaaa0000000477	5.5968	0.5984	2.5212	5.0314	0.5011	0.1876	75.2794	98.6592	0.0062	1.4766	1		22.31	2012-04-21 13:39:41
5	sctaaa0000000476	5.6480	0.5991	2.5346	5.0503	0.5019	0.1858	74.9052	99.5658	0.0064	0.9847	1		22.31	2012-04-21 13:39:38
4	sctaaa0000000475	5.6298	0.5979	2.5263	5.0469	0.5006	0.1804	75.0485	102.7615	0.0063	3.2198	1		22.31	2012-04-21 13:39:32

图 2-13　光强修正界面

（12）参数调整结束。

五、操作注意事项

（1）确保设备在恒温 25 ℃（±5 ℃）、湿度小于 90%RH 下进行操作。

（2）确保室内光线恒定。

（3）确保外部气压稳定在 0.8 MPa，内部气压稳定在 0.4 MPa。

（4）设备长时间不使用时，给电容放电，要将控制面板上的电压降为 4 V。

（5）设定好的参数不能随意调动。

（6）严禁设备空测，防止短路。

（7）非操作人员禁止打开设备。

（8）禁止外界 U 盘、光盘等插入计算机，防止计算机中病毒。推荐安装防病毒软件，定期查杀。

（9）关闭设备电源之前，确保控制面板上的电压下降到 10 V 以内，以免损坏设备电路。

（10）设备每使用 24 h，至少要重新校准一次。

（11）标准电池片上严禁覆盖，每天清洁标准电池片，保持标准电池片表面无异物。

（12）控制面板上电压在出厂时已经设定，非专业人员严禁调整。

六、日常维护与保养

（1）每天测试前，用软布清洁灯罩、金属台面、标准电池片及探针上的灰尘。

（2）定期用无水酒精清洁灯罩、金属台面及探针。

（3）更换氙灯时，请戴上手套，避免指纹污染氙灯表面。

七、软件主界面功能描述

（1）启动。运行桌面上的 SCT. EXE 程序之后，很快将会出现主界面，太阳能电池分选仪是通过脚踏触发测试的。

（2）主界面介绍。

1）测试曲线区：在坐标区域内点击鼠标右键，可在原始曲线与 *I-V* 和 *P-V* 曲线两种模式切换。图 2-14 为测试曲线区。

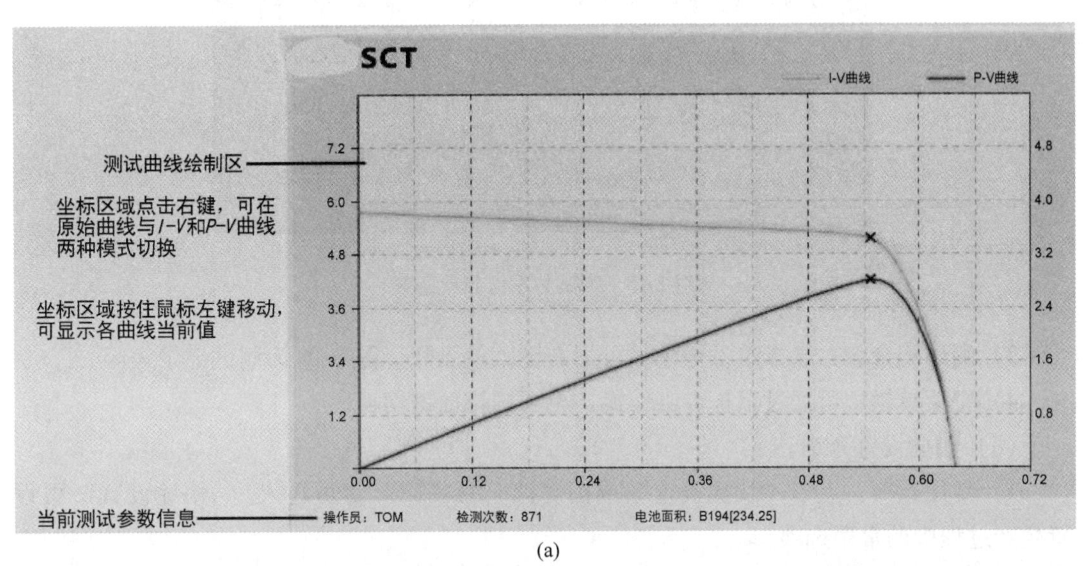

(a)

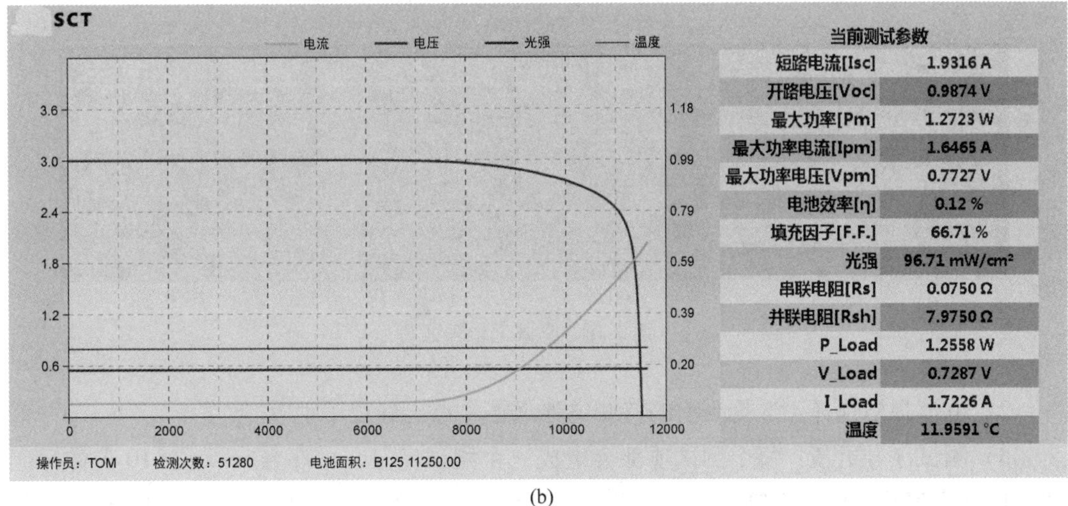

(b)

图 2-14　测试曲线区

（a）*I-V*、*P-V* 曲线；（b）原始曲线

2）当前测试数据区、状态区：点击“给电容充电”后，控制面板上的电压会升到设定值，“当前充电电容状态”则会由红灯转变成绿灯。图 2-15 为测试数据区和状态区。

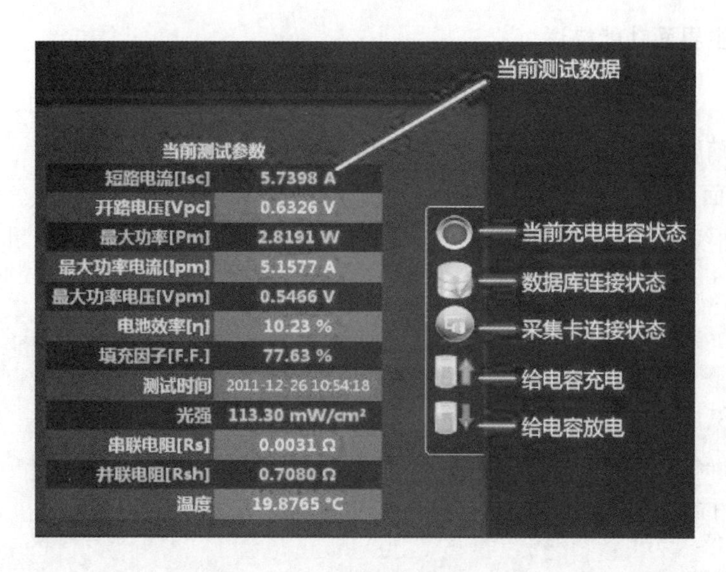

图 2-15　测试数据区和状态区

3）测试记录表：选择单条记录，可用右键菜单删除。图 2-16 为测试记录表区。

4）主菜单栏：可通过鼠标点击切换，也可按快捷键切换。

（3）快捷设置介绍。

1）常用选项：点击“快捷设置”或按键盘上的“F2”键可进入。“快捷设置”可设置生产过程中的常用选项。

最近的测试记录列表

选择单条记录，可用右键菜单删除

No.	序号	短路电流	开路电压
6	sctaaa0000001263	5.7398	0.6326
5	sctaaa0000001262	4.8750	0.6234
4	sctaaa0000001261	5.7398	0.6326
3	sctaaa0000001250	4.8750	0.6234
2	sctaaa0000001259	5.7398	0.6326
1	sctaaa0000001258	4.8750	0.6234

图 2-16　测试记录表区

2）电池规格选择：选择当前的待测电池规格，点击确定后生效。

3）测试序号更新：每个测试项都会生成一个测试序号，由序号头 6 位+10 位数字组成，序号头可填入任意字符，由用户设置，设置后不会变化，10 位数字序号会自动递增。设置更新序号后会根据当前数字递增。

4）检测次数：系统每执行一次检测操作，检测次数增加一次，可以记录设备的使用状态，点击清零可重新记数，请慎用。

5）当前原始采集数据导出：当设备出现曲线、数据采集不正常时，可导出此格式。

6）通信功能：通信功能供技术人员调试使用，普通用户不要设置。

（4）数据查询介绍。数据查询面板可检索指定时间的检测记录。数据查询界面如图2-17所示。

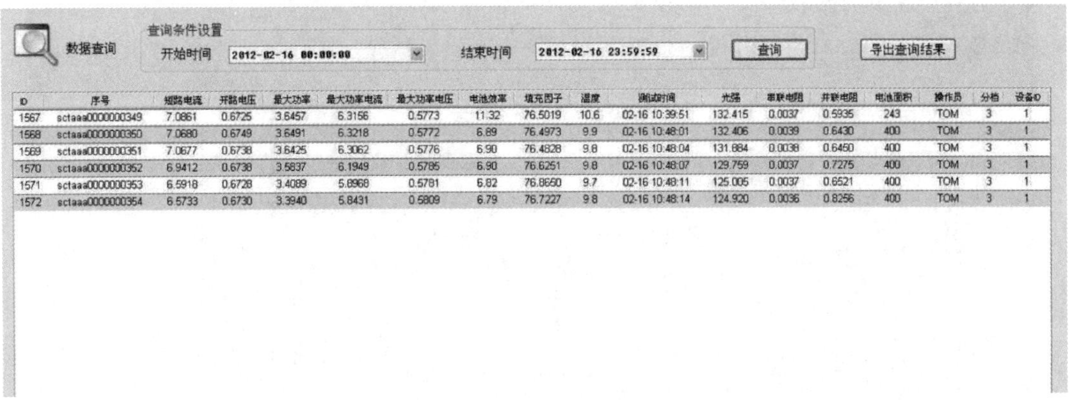

数据查询　查询条件设置　开始时间 2012-02-16 00:00:00　结束时间 2012-02-16 23:59:59　查询　导出查询结果

ID	序号	短路电流	开路电压	最大功率	最大功率电流	最大功率电压	电池效率	填充因子	温度	测试时间	光强	串联电阻	并联电阻	电池面积	操作员	分档	设备ID
1567	sctaaa0000000349	7.0861	0.6725	3.6457	6.3156	0.5773	11.32	76.5019	10.6	02-16 10:39:51	132.415	0.0037	0.5935	243	TOM	3	1
1568	sctaaa0000000350	7.0680	0.6749	3.6491	6.3218	0.5772	6.89	76.4973	9.9	02-16 10:48:01	132.406	0.0039	0.6430	400	TOM	3	1
1569	sctaaa0000000351	7.0677	0.6738	3.6425	6.3062	0.5776	6.90	76.4828	9.8	02-16 10:48:04	131.884	0.0038	0.6450	400	TOM	3	1
1570	sctaaa0000000352	6.9412	0.6738	3.5837	6.1949	0.5785	6.90	76.6251	9.8	02-16 10:48:07	129.759	0.0037	0.7275	400	TOM	3	1
1571	sctaaa0000000353	6.5918	0.6728	3.4089	5.8968	0.5781	6.82	76.8660	9.7	02-16 10:48:11	125.005	0.0037	0.6521	400	TOM	3	1
1572	sctaaa0000000354	6.5733	0.6730	3.3940	5.8431	0.5809	6.79	76.7227	9.8	02-16 10:48:14	124.920	0.0036	0.8256	400	TOM	3	1

图2-17　数据查询界面

1）查询条件设置：设置查询的时间范围，点击“查询”按钮查询，缺省则查询当天记录。

鼠标双击选中项或单击右键，可弹出对话框查看数据详细信息。在详细信息中可打印和导出数据到Excel格式。图2-18和图2-19分别为数据详细信息和打印导出界面。

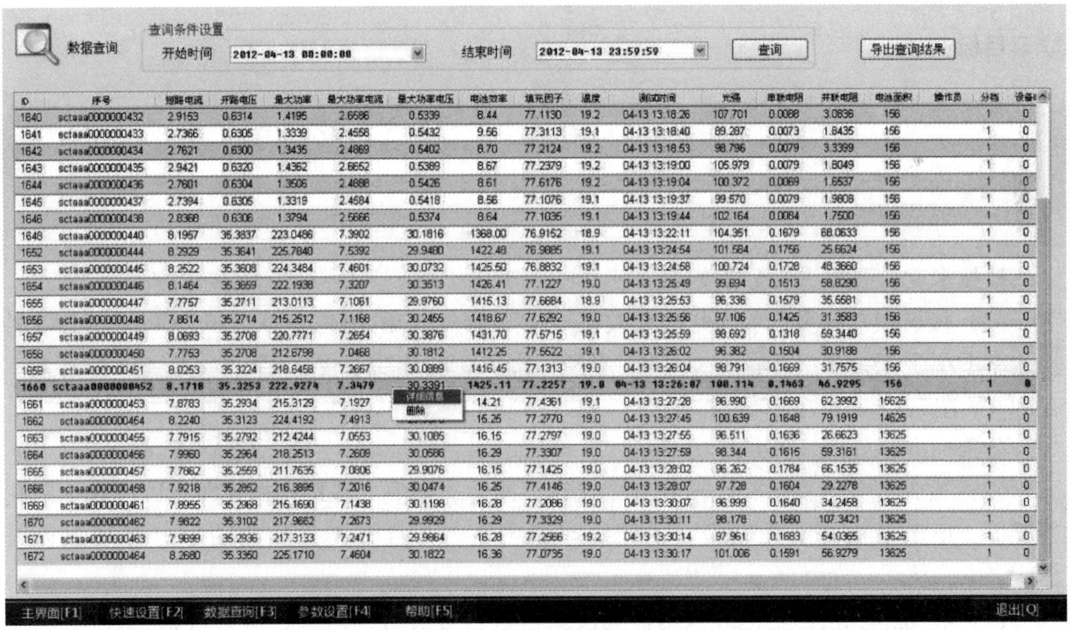

数据查询　查询条件设置　开始时间 2012-04-13 00:00:00　结束时间 2012-04-13 23:59:59　查询　导出查询结果

ID	序号	短路电流	开路电压	最大功率	最大功率电流	最大功率电压	电池效率	填充因子	温度	测试时间	光强	串联电阻	并联电阻	电池面积	操作员	分档	设备ID
1640	sctaaa0000000432	2.9153	0.6314	1.4195	2.6586	0.5339	8.44	77.1130	19.2	04-13 13:18:26	107.701	0.0088	3.0836	156		1	0
1641	sctaaa0000000433	2.7366	0.6305	1.3339	2.4558	0.5432	9.56	77.3113	19.1	04-13 13:18:40	89.287	0.0073	1.8435	156		1	0
1642	sctaaa0000000434	2.7621	0.6300	1.3435	2.4869	0.5402	8.70	77.2124	19.2	04-13 13:18:53	98.796	0.0079	3.3399	156		1	0
1643	sctaaa0000000435	2.9421	0.6320	1.4362	2.6652	0.5389	8.67	77.2379	19.2	04-13 13:19:00	105.979	0.0079	1.8049	156		1	0
1644	sctaaa0000000436	2.7601	0.6304	1.3506	2.4888	0.5426	8.61	77.6176	19.2	04-13 13:19:04	100.372	0.0069	1.6537	156		1	0
1645	sctaaa0000000437	2.7394	0.6305	1.3319	2.4584	0.5418	8.56	77.1076	19.1	04-13 13:19:37	99.570	0.0079	1.9808	156		1	0
1646	sctaaa0000000438	2.8368	0.6306	1.3794	2.5666	0.5374	8.64	77.1036	19.1	04-13 13:19:44	102.164	0.0084	1.7500	156		1	0
1648	sctaaa0000000440	8.1957	35.3837	223.0486	7.3902	30.1816	1368.00	76.9152	18.9	04-13 13:22:11	104.351	0.1679	68.0633	156		1	0
1652	sctaaa0000000444	8.2929	35.3641	225.7840	7.5392	29.9480	1422.48	76.9885	19.1	04-13 13:24:54	101.584	0.1756	25.6624	156		1	0
1653	sctaaa0000000445	8.2522	35.3608	224.3484	7.4601	30.0732	1425.50	76.8832	19.1	04-13 13:24:58	100.724	0.1728	48.3660	156		1	0
1654	sctaaa0000000446	8.1464	35.3659	222.1938	7.3207	30.3513	1426.41	77.1227	19.0	04-13 13:25:49	99.694	0.1513	58.8290	156		1	0
1655	sctaaa0000000447	7.7757	35.2711	213.0113	7.1061	29.9760	1415.13	77.6684	18.9	04-13 13:25:53	96.336	0.1579	35.6681	156		1	0
1656	sctaaa0000000448	7.8614	35.2714	215.2512	7.1168	30.2455	1418.67	77.6292	19.0	04-13 13:25:56	97.106	0.1425	31.3583	156		1	0
1657	sctaaa0000000449	8.0693	35.2708	220.7771	7.2654	30.3876	1431.70	77.5715	19.1	04-13 13:25:59	98.692	0.1318	59.3440	156		1	0
1658	sctaaa0000000450	7.7753	35.2708	212.6798	7.0468	30.1812	1412.25	77.5622	19.1	04-13 13:26:02	96.382	0.1504	30.9188	156		1	0
1659	sctaaa0000000451	8.0253	35.3224	218.6458	7.2667	30.0889	1416.45	77.1313	19.0	04-13 13:26:04	98.791	0.1669	31.7575	156		1	0
1660	**sctaaa0000000452**	**8.1718**	**35.3253**	**222.9274**	**7.3479**	**30.3391**	**1425.11**	**77.2257**	**19.0**	**04-13 13:26:07**	**100.114**	**0.1463**	**46.9295**	**156**		**1**	**0**
1661	sctaaa0000000453	7.8783	35.2934	215.3129	7.1927	[illegible]	14.21	77.4361	19.1	04-13 13:27:28	96.990	0.1669	62.3992	15625		1	0
1662	sctaaa0000000464	8.2240	35.3123	224.4192	7.4913	[illegible]	16.25	77.2770	19.0	04-13 13:27:45	100.639	0.1648	79.1919	14625		1	0
1663	sctaaa0000000455	7.7915	35.2792	212.4244	7.0553	30.1085	16.15	77.2797	19.0	04-13 13:27:55	96.511	0.1636	26.6623	13625		1	0
1664	sctaaa0000000456	7.9960	35.2964	218.2513	7.2609	30.0586	16.29	77.3307	19.0	04-13 13:27:59	98.344	0.1615	59.3161	13625		1	0
1665	sctaaa0000000457	7.7862	35.2559	211.7635	7.0806	29.9076	16.15	77.1425	19.0	04-13 13:28:02	96.262	0.1784	66.1535	13625		1	0
1666	sctaaa0000000458	7.9218	35.2852	216.3895	7.2016	30.0474	16.25	77.4146	19.0	04-13 13:28:07	97.728	0.1604	29.2278	13625		1	0
1669	sctaaa0000000461	7.8955	35.2968	215.1690	7.1438	30.1198	16.28	77.2086	19.0	04-13 13:30:07	96.999	0.1640	34.2458	13625		1	0
1670	sctaaa0000000462	7.9822	35.3102	217.9862	7.2673	29.9929	16.29	77.3329	19.0	04-13 13:30:11	98.178	0.1680	107.3421	13625		1	0
1671	sctaaa0000000463	7.9899	35.2936	217.3133	7.2471	29.9864	16.28	77.2566	19.2	04-13 13:30:14	97.961	0.1683	54.0365	13625		1	0
1672	sctaaa0000000464	8.2680	35.3350	225.1710	7.4604	30.1822	16.36	77.0735	19.0	04-13 13:30:17	101.006	0.1591	56.9279	13625		1	0

删除

主界面[F1]　快速设置[F2]　数据查询[F3]　参数设置[F4]　帮助[F5]　退出[Q]

图2-18　数据详细信息界面

2）删除数据（单个）：右键单击数据，在弹出的下拉菜单中选择“删除”。即可。

3）删除数据（多个）：用左键选择其中一数据，按住“shift”键再选择一数据，在黄色区域内单击右键，选择“删除”即可。

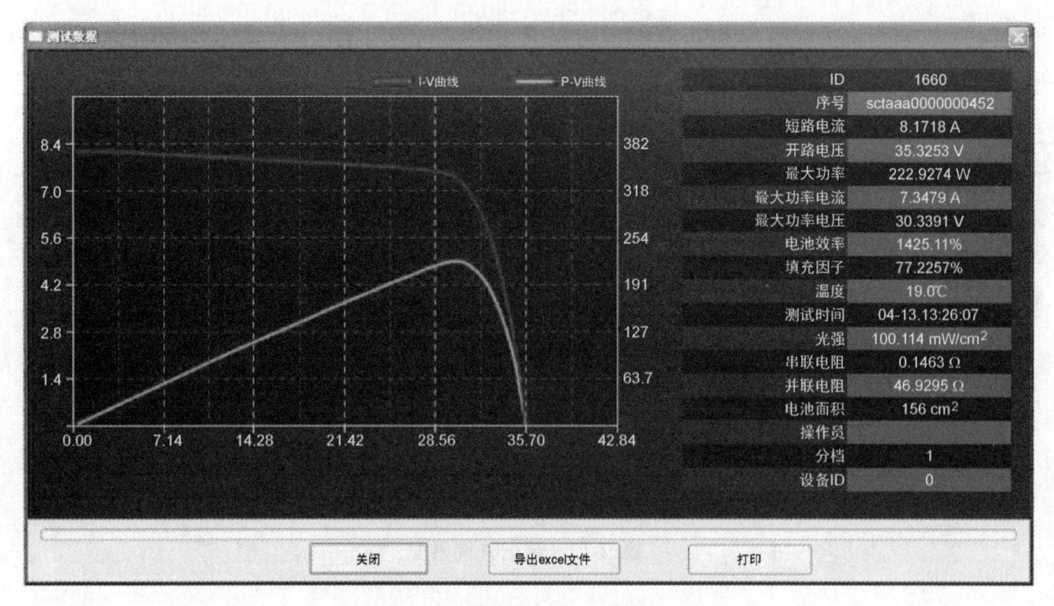

图 2-19　数据打印和导出界面

任务三　电池片分选实训

学习目标：

采用分选仪对电池片的转换效率和单片功率进行分选测试。

一、工艺要求

按技术文件要求进行分挡如下。

（1）按转换功率分选：A 片转换效率不小于 14%（单晶）或 13.5%（多晶），B 片转换效率不小于 13.5%（单晶）或 13%（多晶），125 晶片功率在 2.4W 左右，156 晶片功率在 3.4W 左右。

分选标准：分挡（0.4±0.01）V_{mp}(V)

（2）按外观分选：检查电池片有无缺口、崩边、划痕、花斑、栅线印反以及表面氧化情况等。正极面检查有无暗裂，主栅线印刷不良。并且将不良品按功率分开摆放做好标记。

（3）将分选合格的电池片根据目测按颜色进行分类分组。颜色分为浅蓝色、深蓝色、暗红色、黑色、暗紫色等。

（4）根据生产订单按规格要求的数量进行点数并用泡沫盒打包和装载，例：180 W—125 单晶片 72 片串，220 W—156 多晶片 60 片串。

（5）不得裸手触及电池片。

（6）缺边角的电池片根据质量分选标准进行取舍。

二、物料清单

待检测的电池片若干。

三、工具清单

单体太阳测试仪，手套（指套），剪刀，透明胶。

四、工作准备

（1）穿好工作衣工作鞋，戴好工作帽和手套。
（2）清洁工作台面、清理工作区域地面，工具摆放整齐有序。

五、操作步骤

（1）测试前拿校准芯片校准，误差不超过±0.01 W。
（2）测试有误差时，请相关工作人员调整，将校准记录结果做好记录。
（3）按需要分选电池片的批次规格领料。
（4）将测试仪打开，打开操作面板“电源”开关，预热2 min，按下“量程”按钮。
（5）用标准电池片将测试台的测试参数调到标准值，确认压缩空气压力正常。
（6）将要测试的电池单片放到测试台上进行分选测试。将待测电池芯片有栅线一面向上，放置在测试台铜板上，调节铜电极位置使之恰好压在电池芯片的主栅极上，保证电极接触完好。踩下脚阀测试。根据测得的电流值进行分档。
（7）将分选出来的电池片按照测试的数值分合格与不合格两类，并放在相应的盒子里标示清楚。合格电池片在检测后按每0.05 W分档分开分类放置。
（8）测试完成后整理电池片，每100片作为一个包装，清点好数目并做相应的数据记录。
（9）作业完毕，按操作规程关闭仪器。

六、注意事项

（1）在测试前，要对测试仪进行校准标准片，一定保证测试数据的准确性。
（2）分选电池片要轻拿轻放，降低损耗，分类和摆放时要按规定放在指定的泡沫盒或区域内。
（3）装盒和打包时要再检查一次数目，要确保包装的完整性。
（4）测试过程中操作工必须戴上手指套，禁止不戴手指套进行测试分选。
（5）测试分选后要整理电池片，禁止合格与不合格的电池片混合掺杂。
（6）记录并填写相关文件数据记录。
（7）同一人员在此岗位持续操作超过2 h后，必须休息或更换作业人员，一个班次内同一人累计操作时间不超过4 h。
（8）分拣时拿取芯片应小心，避免把芯片弄碎弄裂。
（9）如发现测出的参数不稳定，应立即报告相关技术人员等调节好后方可继续。

七、数据记录

填写表 2-3 的电池片测试分选记录表。

表 2-3　电池片测试分选记录表

序号	标称功率	测后功率	结论	备注
总计	测片数量（片）：	损坏数量（片）：	测后良片数量（片）：	

存在的问题及改进建议：

设备使用情况：

思　考　题

（1）简述电池片外观检测项目和标准。
（2）简述分选仪的操作流程与设备维护。
（3）如何修正分选仪检测参数？

项目三　电池片的激光划片

在生产小功率电池组件时，需要将电池片切割成组件所需的规格尺寸，例如将整片电池片切割成4等份、6等份、9等份等，或者切割成一定形状，如圆形、圆弧形、三角形等非矩形形状。实现电池片切割的这一工序称为激光划片，用到的设备是激光划片机。

任务一　激光划片机的操作

学习目标：

（1）理解激光划片的工作原理；

（2）掌握激光划片机的操作方法。

光伏电池主要采用金刚石切割设备和激光划片机切割。由于激光划片机的切割效率更高，现在许多企业都采用激光划片机来切割光伏电池，以满足制作小型太阳电池组件的需要。

激光划片机工作台面上布有气孔，气孔与真空泵相连，打开真空泵后太阳电池就被吸附在控制台上，切割过程中不易移动。切割时将电池放在工作台上，打开计算机，设计切割路线，按下确定键后，激光光斑开始移动，在控制台上调节适当的工作电流进行切割。

激光划片是利用高能激光束照射在电池片、硅片表面，使被照射区域局部熔化、气化，在数控工作台的带动下进行激光划切，从而达到划片目的。激光划片光束能量密度高，划片效果好，而且其加工是非接触式的，对电池片、硅片本身无机械冲压力，使得电池片、硅片不易损坏破损。再者，由于激光划片热影响极小，划片精度高，因而被广泛应用于光伏行业太阳能电池片、硅片的划片。

与传统的机械切割技术比较，激光划片主要有以下优点：

（1）激光划片由计算机控制，速度快，精确度高，大大提高了加工效率；

（2）激光划片为非接触式加工，减少了硅片的表面损伤与刀具的磨损，提高了产品成品率；

（3）激光划片光强弱控制方便，激光聚焦后功率密度高，能很好地控制切割深度，适合切割硅片这种薄、脆、硬的材料；

（4）激光束细，加工材料消耗很小，加工热区影响小；

（5）激光划片沟槽整齐，无裂纹，深度一致；

（6）激光加工操作方便简捷，使用安全，人工、材料消耗成本低。

一、激光划片机结构及各部件功能

激光划片机一般由控制柜、激光光路系统、二维运动平台、计算机控制系统组成，如图 3-1 所示。

（1）控制柜。

1）计算机操作系统（显示器+操作键盘+鼠标+工控电脑箱）。可通过专用划片软件设定划片步骤，输出信号经转接卡，控制二维运动工作台和光纤激光器，从而实现划片目的。

2）电源控制盒。电源控制盒用来对计算机的电源、光纤激光器电源和驱动器电源进行分配和控制。

（2）激光光路系统。激光光路系统如图 3-2 所示，光纤激光器输出的激光与指示光输出的红光由合束镜合成一束光，垂直射入聚焦镜，经聚焦后，到达加工工件表面。

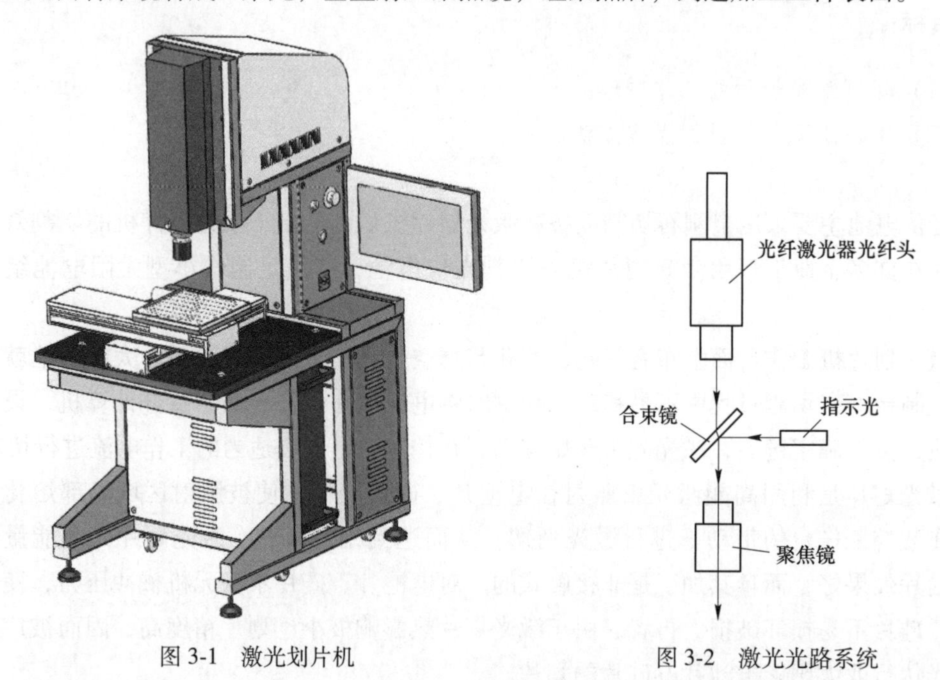

图 3-1　激光划片机　　图 3-2　激光光路系统

（3）二维运动平台。二维运动平台由两个相互垂直的丝杆传动系统构成，并由高精度伺服电机驱动，以实现在平面内对工件进行高精度加工。用户通过计算机上运行的专用激光划片软件，可以设置所需要的划片路径。运动工作台接收计算机信号，实现所需要的划片操作。

二、硬件操作说明

（一）开机上电步骤

（1）确认空气开关处于接通状态，空气开关如图 3-3 所示。

（2）确认紧急制动开关处于释放状态后，打开钥匙开关。按下“RUN”按钮，此时，接触器吸合设备通电，制动开关如图 3-4 所示。

图 3-3 空气开关　　图 3-4 制动开关

（3）开启计算机，进入计算机系统划片软件，设置好相应参数，即可操作设备进行划片工作，计算机机箱如图 3-5 所示。

（4）工作结束，按上述顺序逆向关机。

图 3-5 计算机机箱

（二）参数调整

划片机参数的调整分为焦平面寻找、激光器参数的调整和软件参数调整三部分。

焦平面寻找是为了充分利用激光能量，得到最佳划片效果，加工件需要位于激光焦平面上。由于不同加工件厚度不一，用户可以通过调节聚焦镜上方的圆铜螺母来使激光聚焦在加工件表面。具体方法为：以较小的速度划片，并且将激光功率调小到能看到划片火花的临界值，调节圆铜螺母，划片火花最大时，即焦平面位于加工件表面。

激光器参数设置在软件左下角的控制面板中修改，主要修改激光输出功率百分比和重复频率。修改后点击“确定”（打开软件后，如果不需要修改激光器参数设置，也要点击一次“确定”）。

软件参数调整，使用激光划片机软件，配合 DMC2410 运动控制卡。可调节的参数有：激光器参数设置，划片速度，开始位置，起始速度，以及复位速度等。

机器在出厂时，已经对软件进行正确设置，并经过严格测试。划片速度可根据具体加工材料设置。

对同一材料，若设定的划片速度越高，则需要激光脉冲重复率越大，并且要求增加激光功率，以保证划片的深度。

根据加工材料的不同，划片机参数也不一样。划片速度、激光脉冲重复率、激光功率是决定划片效果的主要因素。用户可以通过调整划片速度、激光脉冲重复率及激光功率这三个参数，配合得到最佳划片效果。

（三）注意事项

（1）不允许设备在进电压不稳定等情况下工作，必要时需用稳压器对其稳压。

（2）出现异常现象，首先关闭总电源开关，然后再行检查。

（3）本机工作时，所有电路元器件（如：激光器电源和驱动器）和光学元器件（如：光纤激光器）均需良好的散热环境，故应保证工作环境通风良好。

（4）使用环境应清洁无尘，否则会污染光学器件，影响激光功率输出，严重时甚至会损坏光学器件。

（5）环境相对湿度不大于 80%，温度为 5~30 ℃。

（6）要求整机可靠接地，不遵守此项规定可能会导致触电或设备工作不正常。

（7）至少在电源切断 10 min 后，才可以对机器进行搬运、接地和检查等操作。

（8）搬运或操作时轻拿轻放，以免损坏光纤激光器。

（四）常见故障及解决方法

（1）开机无任何反应。

1）是否正常：检查电源输入并使其正常。

2）紧急制动开关是否按下：松开紧急制动开关。

3）控制柜空气开关是否合上：合上空气开关。

（2）无激光输出或激光输出很弱（刻画深度不够）。

1）转接板是否上电。

2）激光光路偏移：重调激光光路。

3）工作平面是否处于激光焦平面：调整圆铜螺母。

4）工作台是否水平：调整工作台水平。

三、激光划片机软件的使用方法

运行桌面上软件，进入软件主界面，软件主界面见图 3-6，主界面共分四个区域，分别是参数设置区、程序编辑区、数据编辑区、图形显示区。

进入主界面后系统提示是否需要进行机械回零，选择“确定”开始进行机械回零，否则取消。机器每次上电重启必须进行机械回零。

（一）文件（F）菜单

文件菜单如图 3-7 所示。各命令含义如下。

（1）新建程序：点击“新建程序”，将出现全新空白的系统界面。如果当前界面上已有文件或图形存在，则在点击“新建”时，系统会提示是否保存现有文件。

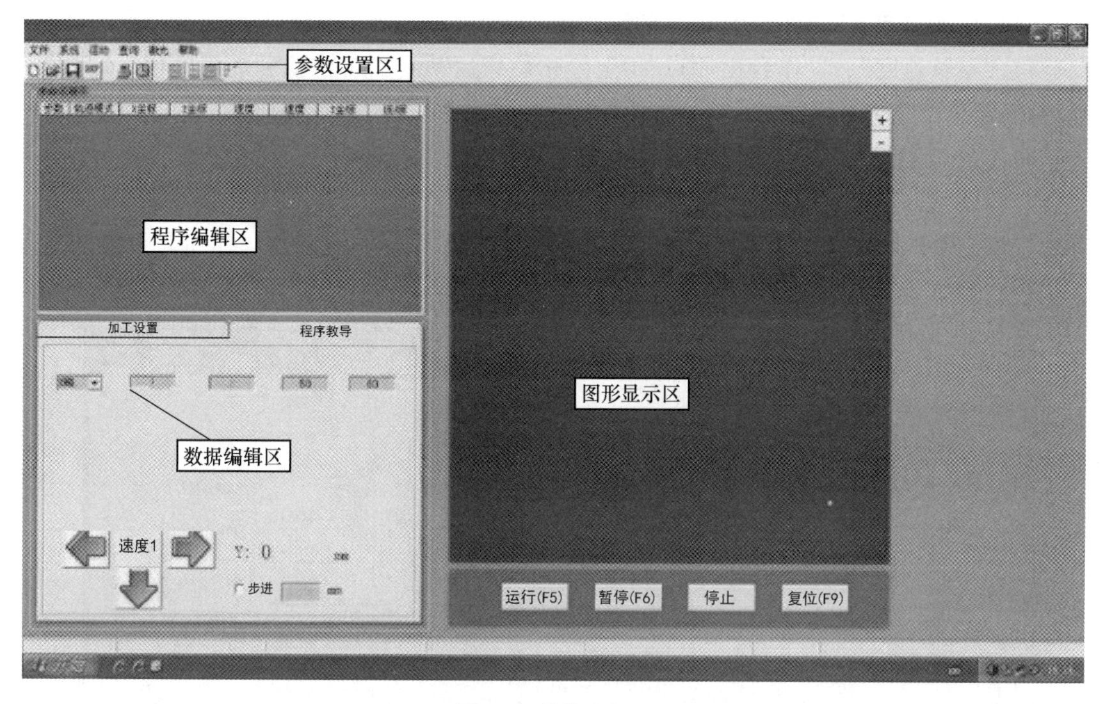

图 3-6　软件主界面

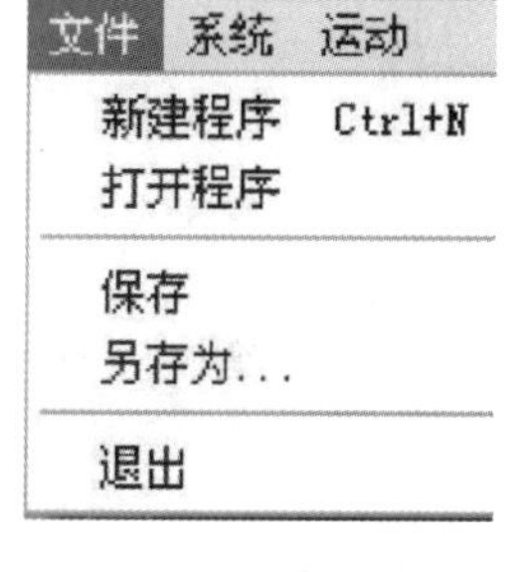

图 3-7　文件菜单

（2）打开程序：用于打开已有加工文件。所有加工文件可以直接执行输出。

（3）保存：点击“保存”，现有文件的当前状况将保存于指定文件夹内。

（4）另存为：可将现有文件另取一文件名保存于指定文件夹内。

（5）退出：可退出此激光加工软件。

（二）系统（S）菜单

系统菜单如图 3-8 所示。菜单各选项功能如下。

图 3-8　系统菜单

（1）参数设置：可设置系统的各种初始运行状态。参数设置需密码才能登录，参数设置界面如图 3-9 所示。界面内各项目说明如下。

1）系统设置内“驱动轴”和“驱动轴参数”是配合设置的，*X*/*Y* 轴参数在出厂前均已设置好，最好不要擅自更改，以免造成运行不正常。

2）“数字激光电源”，只能控制灯泵浦或侧泵浦激光器。

3）“光纤激光电源”，除了能控制灯泵浦和侧泵浦激光器外，还能控制光纤激光器。

4）“自动复位一次”，每次操作完成后，工作平台自动回到原点位置。

5）“返回设定的停止位置”，每次操作完成后，工作平台回到指定停止位置。

6）“起始速度”，工作台由静止到运动时的初速度。

7）“空移速度”，工作台由原点/指定停止位置运动到加工位置和加工完成后回到原点/指定停止位置时的速度。

8）“复位速度”，将工作台强制回原点时速度。

9）“变速时间”，工作台由起始速度到工作速度所需时间，此值不宜设置太小，以免加速太快，电机失步，造成运动失控。

10）“允许最大步数”，软件可编制的最大运行步数。

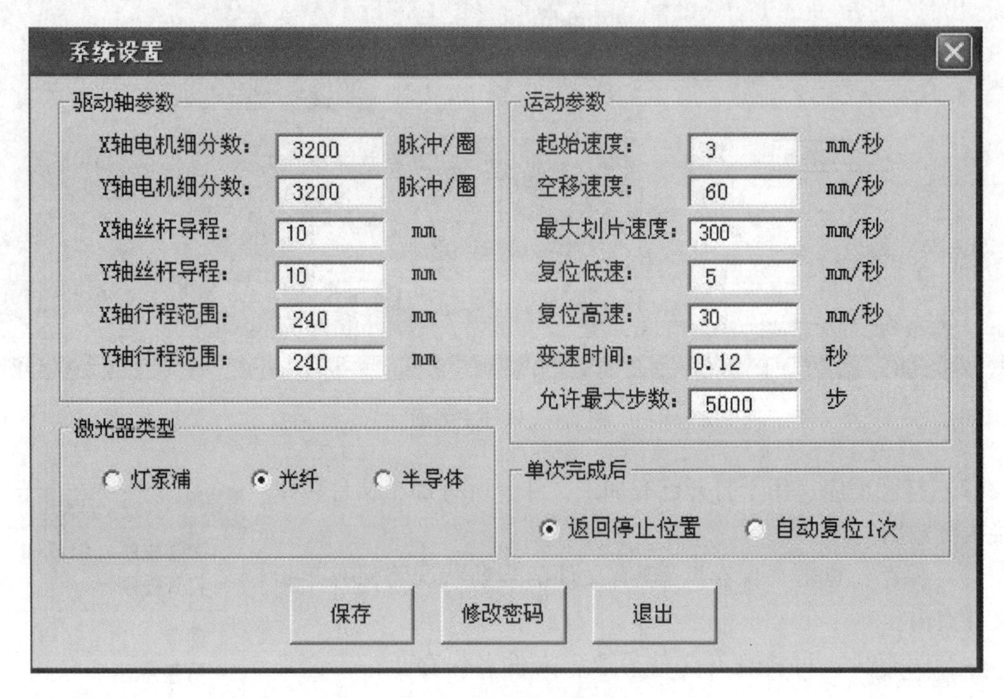

图 3-9　参数设置界面

（2）时间设置：可设置设备工作时激光器使用提示时间，软件会自动记录设备工作时间，当达到预设定时间时，软件会在主界面上弹出一个对话框，提示已达到使用时间需要更换。时间设置对话框如图 3-10 所示。

图 3-10　时间设置对话框

当点击提示对话框上的“确定”按键时，软件会提醒用户此项计时是否需要清零。

（三）运动菜单

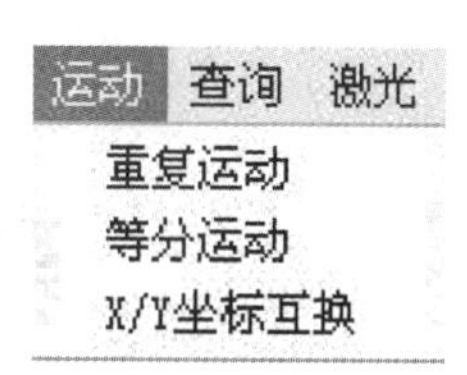

图 3-11　运动菜单

运动菜单如图 3-11 所示。各选项说明如下。

（1）“重复运动设置”：快捷编制加工程序的一种方法。图 3-12 为重复运动设置对话框。

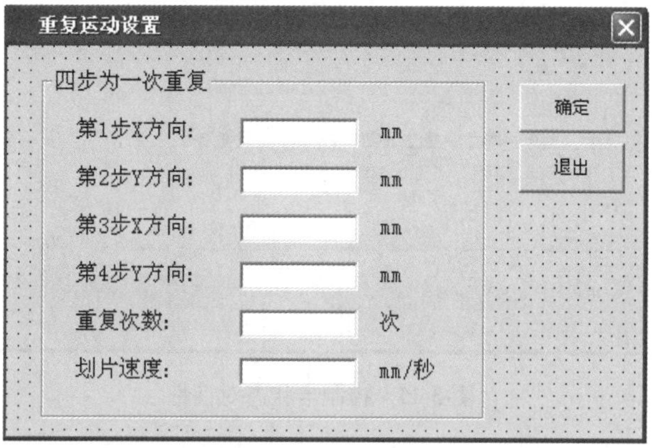

图 3-12　重复运动设置对话框

当需要编制一个重复次数较多的加工程序时可采用此方式。每四步为一次重复，点击“确定”按键程序自动生成，并显示在主界面上。

（2）“等分运动设置”：快捷编制加工程序的一种方法。图 3-13 为等分运动设置对话框。

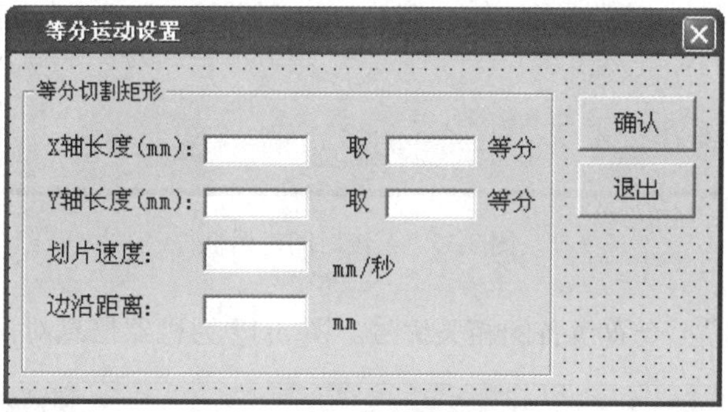

图 3-13　等分运动设置对话框

当均匀切割材料的程序时可采用此方式。并且在加工时，为了不损伤加工材料边沿，单独增加一个“边沿距离”参数设置，设置此参数后，自动生成程序，加工边沿时会在每边增加相应距离。

点击“确定”按键时程序自动生成，并显示在主界面上。

（3）“*X/Y* 坐标互换”：*X* 轴的坐标值和 *Y* 轴的坐标值互换。

（四）查询菜单

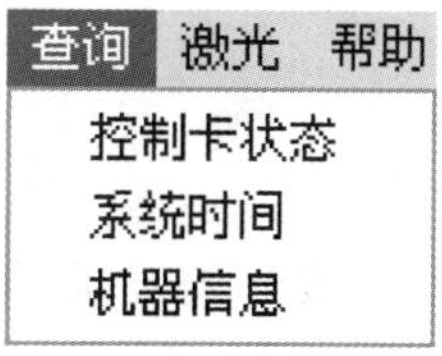

图 3-14　查询菜单

查询菜单如图 3-14 所示，各选项说明如下。

（1）“控制卡状态”：查看轴状态和通用 IO。控制卡状态对话框如图 3-15 所示。

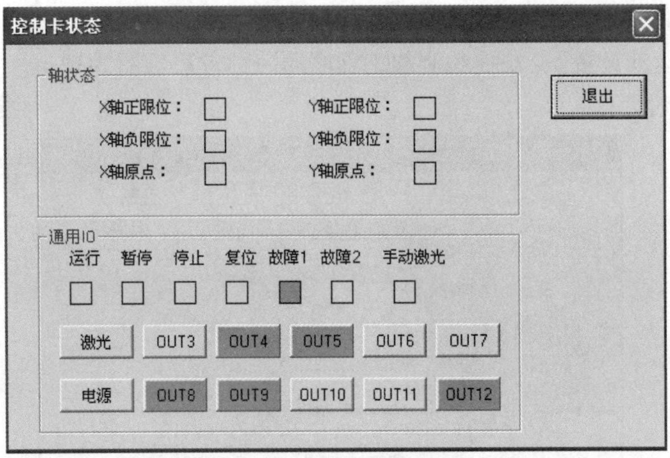

图 3-15　控制卡状态对话框

（2）“系统时间”：查询机器相关硬件信息。图 3-16 为系统时间对话框。

图 3-16　系统时间对话框

（3）“机器信息”：查看设备的相关编号。图 3-17 为机器信息对话框。

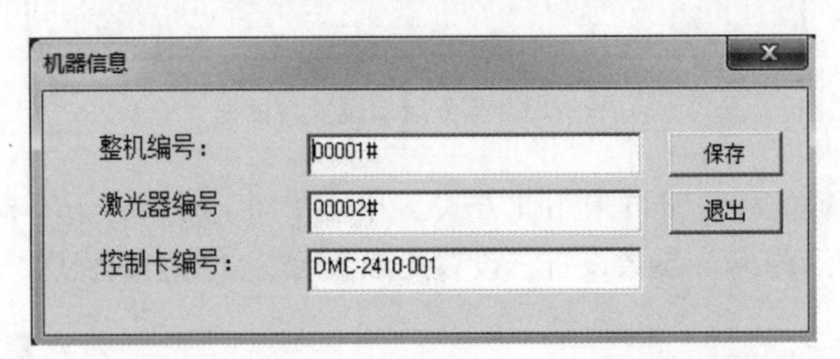

图 3-17　机器信息对话框

（五）帮助菜单

主要显示机器操作说明手册。

（六）运动轨迹设置

运动轨迹设置和起始点设置对话框如图3-18所示。本系统可任意设定工作台开始加工时的初始位置，可以直接输入*X/Y*轴的数值，也可以直接取目前工作台所处的位置。各选项说明如下。

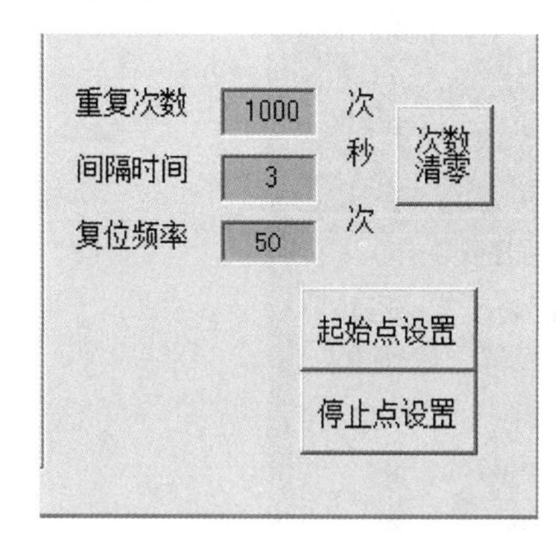

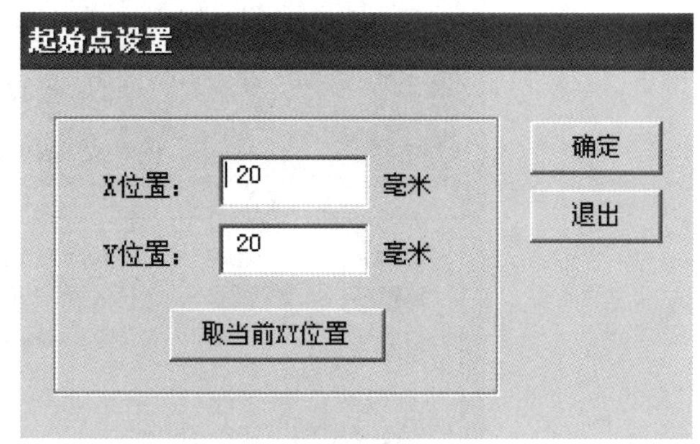

图3-18　运动轨迹设置和起始点设置对话框

（1）“设停止点”：与“设定起点”相同，必须在“系统设定”中点选“返回设定的停止位置”。

（2）“自动重复”：每次操作完成后，工作台自动重复工作。

（3）“自动重复次数”：当设置“自动重复”工作模式时，可设定重复工作的次数。

（4）“自动重复间隔延时”：当设置“自动重复”工作模式时，可设定连续两次重复工作的间隔时间。

（5）“复位频率”：当设置“复位频率”时，自动重复工作到复位频率设置的次数后，下次自动重复工作前设备将先自动复位以清零系统重复精度误差。

（七）数据编辑区

可直接编制所需加工的数据。并可根据需要，对编制好的数据进行修改和再编制。图3-19为数据编辑区，区域内各功能键说明如下。

（1）“新增”：点击后，在下方数据显示框内出现当前编制的数据。

（2）“插入”：通过此键能够在已编制好的程序中插入所需增加的数据。

具体使用为：在数据显示框内点选中所需增加数据的步数，在各个数据编辑栏内输入数据，点击“插入”即可。如图3-20所示，如需在第（3）步与第（4）步之间插入一步，只需先点选第（4）步，此时第一行第一栏会显示“当前第（4）步”，在余下的编辑栏内输入所需数据。点击“插入”，则在第（3）步和第（4）步之间插入了所需的数据。

（3）“删除”：点选所需删除的某步后，点击“删除”即可。

（4）“修改”：点选所需修改的某步后，在编辑的各个栏中输入需要修改的数据，点击“修改”即可。具体使用与“插入”类似。

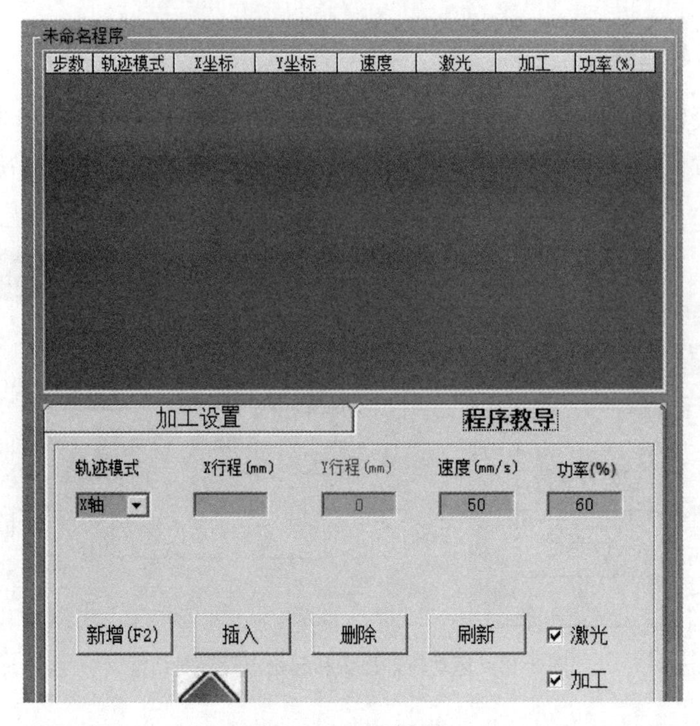

图 3-19　数据编辑区

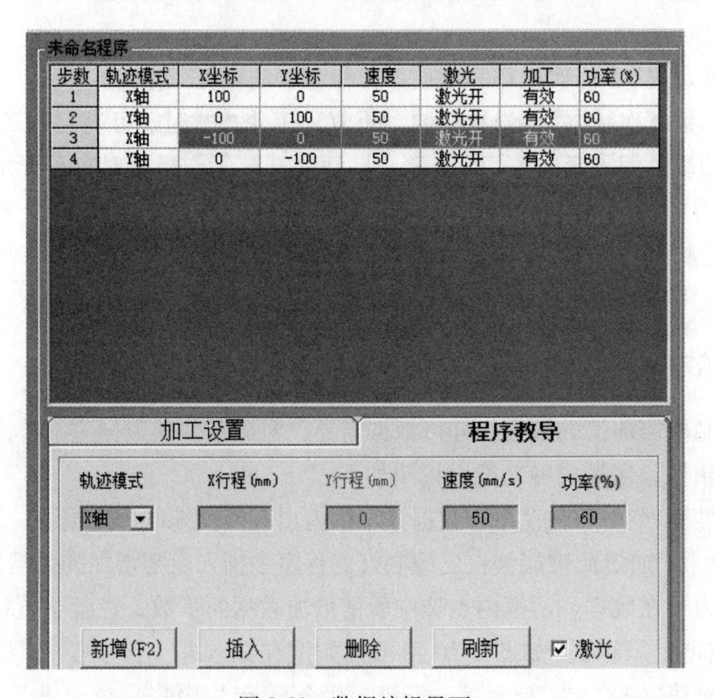

图 3-20　数据编辑界面

（5）“刷新”：当操作过程中出现图形显示混乱不清现象时（模拟输出等情况下可能会出现），用以清除杂乱，恢复正常。

（6）“激光状态” 和“有效”：指运动时是否输出。

（八）图形显示区

可以模拟显示所设定的数据图形，并且，当工作台运动时，有一个小圆形光标会模拟实时运动过程追踪显现出来。

（九）运动控制区

运动控制区如图 3-21 所示。各功能选项说明如下。

（1）“激光设置”栏中仅当选择激光时，才会有激光输出（选择红光时无工作激光输出），测试激光时，通过改变激光功率和激光频率控制激光的输出功率和频率（激光占空比为 50%，不要修改），修改后点确定。测试激光点击“激光测试”，关闭测试激光再点一次“激光测试”即可。功率修改范围为 0~100%，频率修改范围为 20~100 kHz。

（2）点击上下左右可手动移动工作台，方向键中间的“速度 1”为点动速度，速度 1 为最慢速度，加快手动速度，点击“速度 1”，每点击一次速度加快一档，最快为“速度 5”。当软件处在“速度 5”时，再点击一次又回到“速度 1”，如此循环。右边坐标为小圆点的坐标点。勾选“步进”，并填写步进距离后可指定每次点击方向键运动的距离。

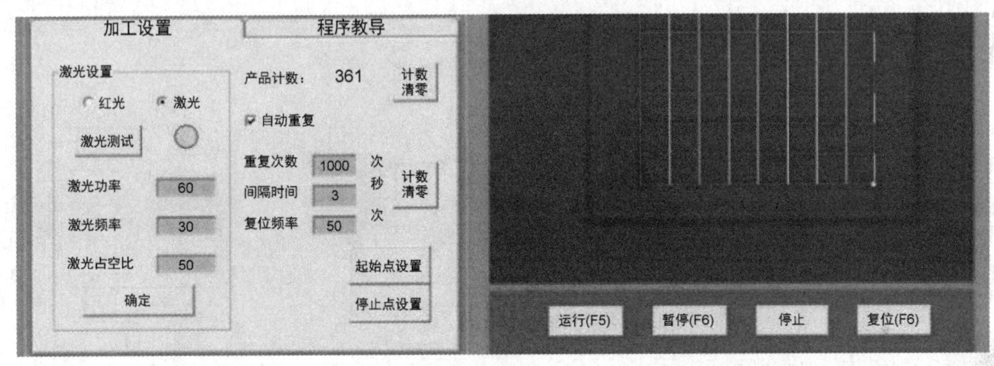

图 3-21　运动控制区

（3）“运行”：使软件开始执行指令运动。

（4）“暂停”：可以使软件执行完当前步数后暂时停止运动等待操作，点击“运行”可继续运动。

（5）“停止”：可以使软件停止当前运行或操作并回到指定位置或原点位置。

（6）“复位”：可以强制使工作台进行一次复位运动。

（十）DXF 文件导入示例

软件支持导入 DXF 文件，具体操作如下。

（1）在文件菜单中选择载入 DXF 文件，如图 3-22 所示。

（2）打开选择的 DXF 文件，如图 3-23 所示。

刚导入的 DXF 文件的位置很可能不在工作范围内，需要重新设置基准点位置。

（3）在系统中设置 CAD 基准点位置。图 3-24 为修改基准点操作界面。

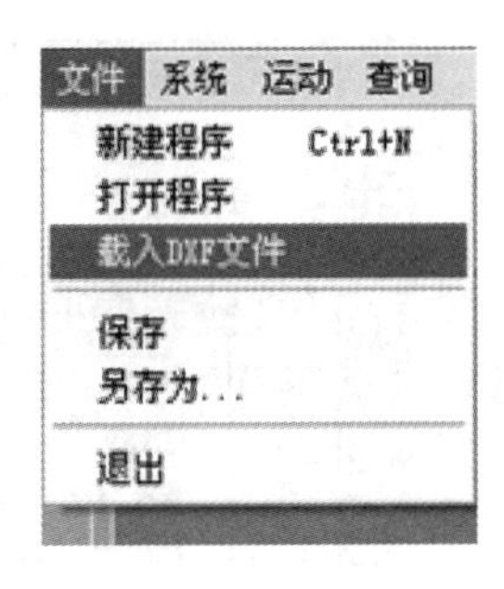

图 3-22　文件导入菜单

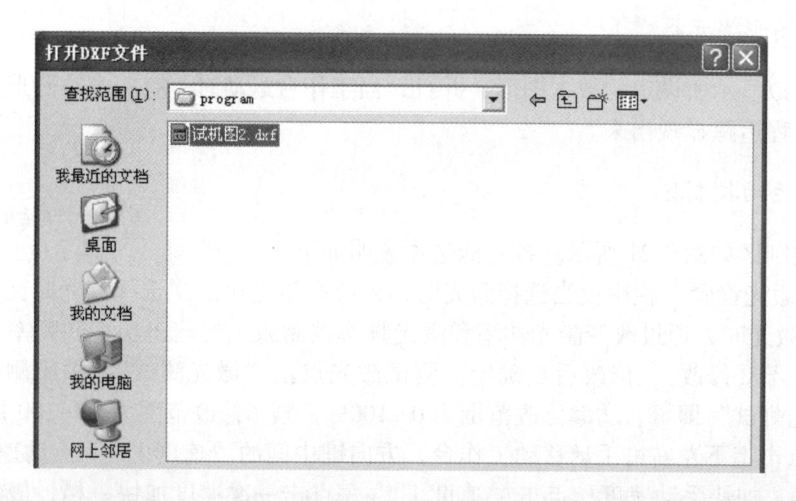

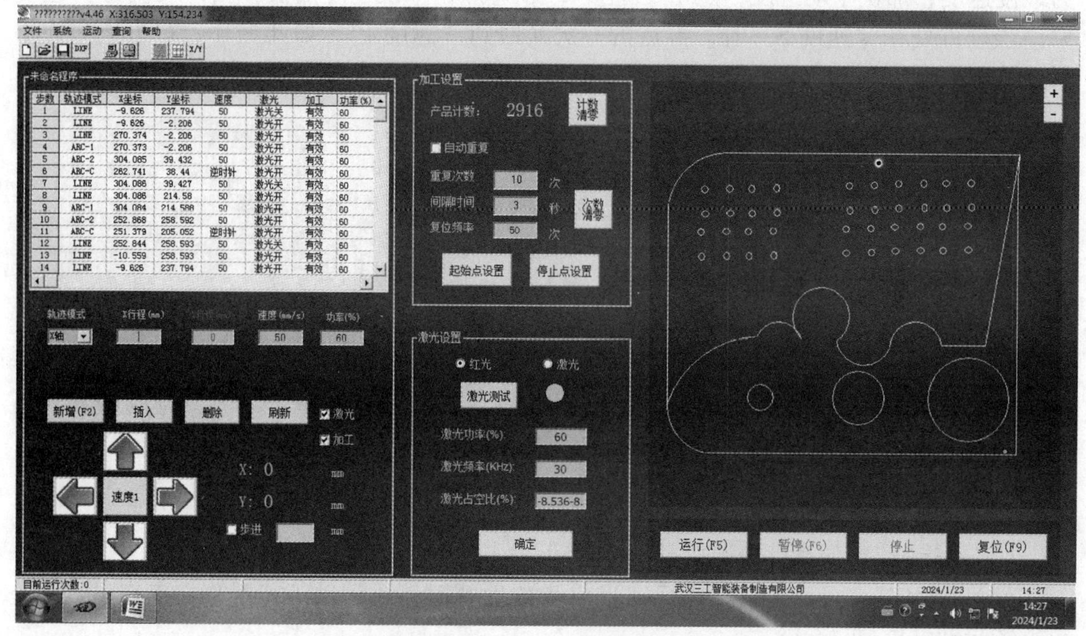

图 3-23　导入文件操作界面

文件　系统　运动　查询　激光　帮助

参数设置
时间设置
CAD基准点设置

步数	轨迹模式	X坐标	Y坐标	速度
1	LINE	-9.626	237.794	50
2	LINE	-9.626	-2.206	50
3	LINE	270.374	-2.206	50
4	ARC-1	270.373	-2.206	50
5	ARC-2	304.085	39.432	50

CAD基准点校正

X位置: 5 毫米

Y位置: 250 毫米

取当前XY位置

确定

退出

图 3-24　修改基准点操作界面

需要注意的是，如果采用导入 DXF 文件的方式，可以修改加工速度和功率，但不能再在程序中手动添加或删除运动指令，否则会引起程序错误。

（十一）手动绘制圆和圆弧指令示例

如需添加圆弧指令，如图 3-25 所示，可在轨迹模式中选择圆弧，输入起点坐标、终点坐标、圆心坐标、圆弧方向、速度、功率等参数，点新增（F2）后，如图 3-26 所示（当起点坐标和终点坐标相同时绘制的图形为圆，不相同为圆弧）。

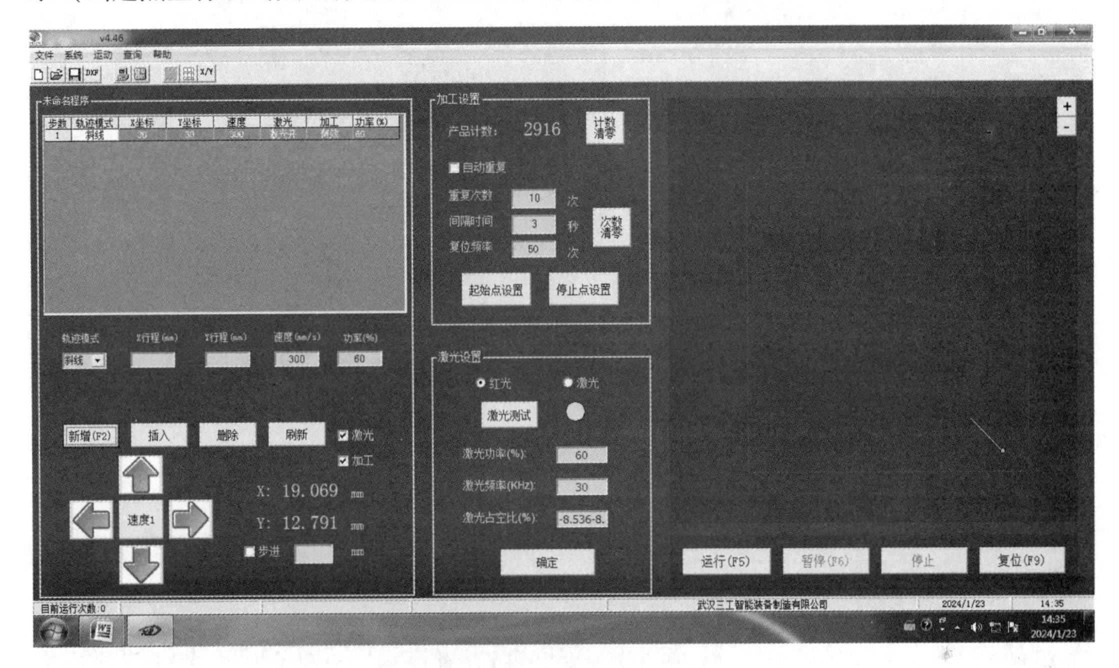

图 3-25　轨迹模式修改界面

顺时针和逆时针为从起点到终点的圆弧运动方向的设置，如图 3-27 所示。

注意：在手动绘制圆弧时，要保证起点、终点、圆心的坐标正确性，否则绘制出的圆弧的起点和终点将不是指定坐标的点，因为如果这些坐标不正确，那么起点和终点本身就不会在以该圆心坐标为圆心的圆周上。

（十二）退出程序

退出程序对话框如图 3-28 所示，各功能键说明如下。

（1）选择“是”，保存当前加工程序，程序退出。

（2）选择“否”，放弃保存当前加工程序，程序退出。

（3）选择“取消”，放弃当前操作，程序不退出。

（十三）软件快捷命令

键盘部分快捷键功能如下。

（1）F5，运行。

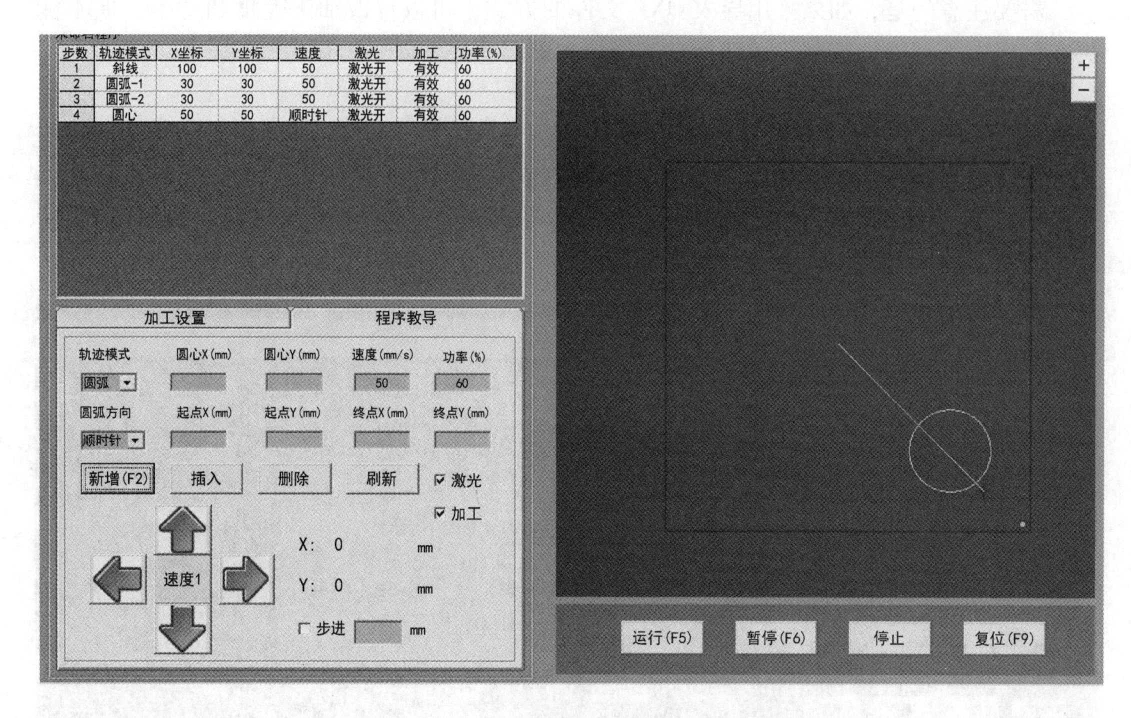

图 3-26　圆的绘制

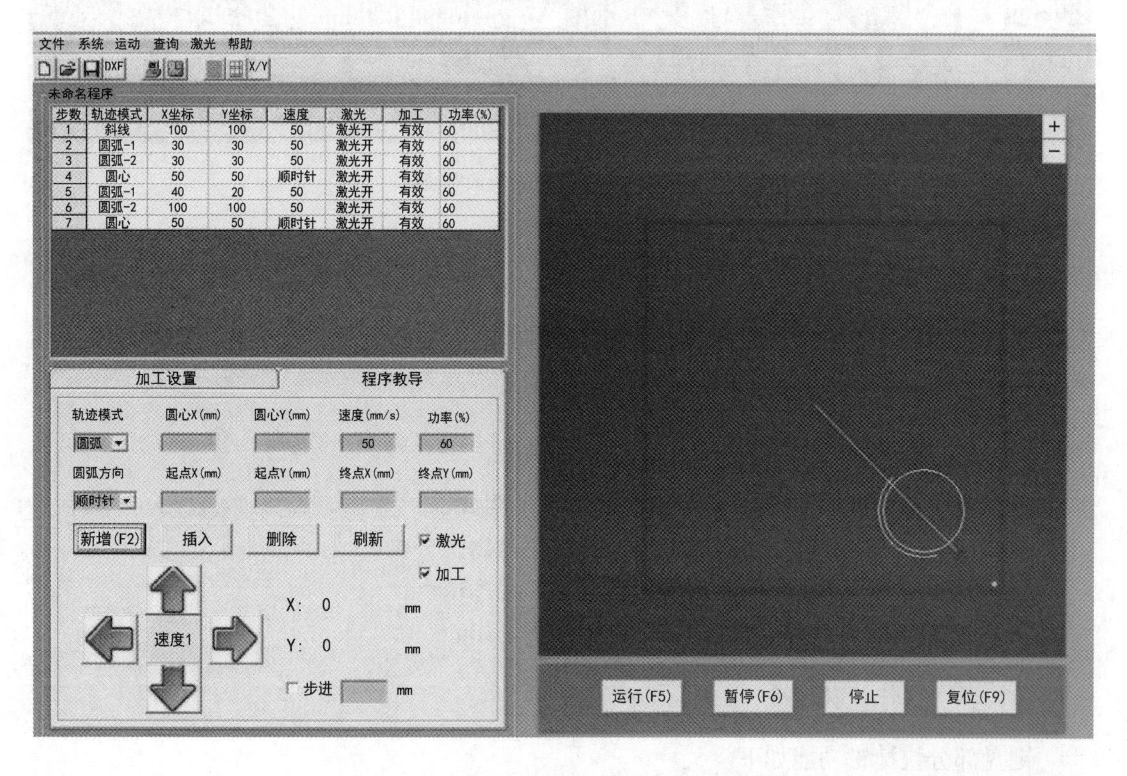

图 3-27　顺时针和逆时针绘制的圆弧图形

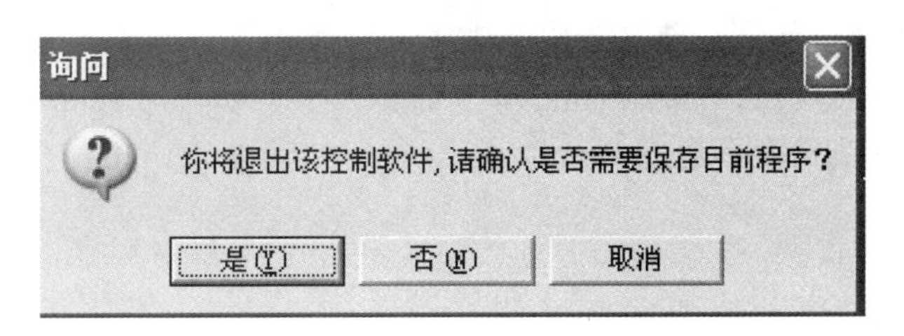

图 3-28　退出程序对话框

（2）F6，暂停。
（3）F7，返回停止位置。
（4）F8，返回起点位置。
（5）F9，*XY* 返回机械原点（即复位）。
（6）非运行状态时，可按键盘上的 Left、Right、Up、Down 四个光标键移动 *XY* 电机轴。
（7）按数字 Ctrl 改变移动速度。
（8）在运行状态，按 SPACE 键停止。

任务二　激光划片实训

学习目标：

按照选定电池片的尺寸要求，在激光划片机上编写程序，进行切割。

市场上出售的电池片有 125 mm×125 mm 、156 mm×156 mm、181 mm×181 mm，以及近期出现的 210 mm×210 mm，这几种电池片切割前尺寸、电压、功率均一定，这些参数不一定能满足组件的需要，因此，在焊接前需要切片，先设计好切割路线，画好草图，再进行激光切割。

光伏电池片每片工作电压为 0.4~0.45 V（开路电压约为 0.6 V），电池电压不随电池片面积的改变而改变，电流和功率与电池片的面积成正比（同样环境，同样转化率下）。根据组件所需电压、功率，可以计算出切割后电池片的面积及电池片片数。

切割过程主要步骤是，先打开激光切割机及与之相配的计算机，将要切的电池片放在切割台上，正极向上，并摆好位置，编写切割程序，运行，确定路线正确后，调节电流进行切割。

一、工艺要求

（1）切断面不得有锯齿现象。
（2）激光切割深度目测为电池片厚度的 2/3，电池片尺寸公差为±0.02 mm。
（3）每次作业必须更换指套，保持电池片干净，不得裸手触及电池片。

二、物料清单

（1）156 mm×156 mm 单晶硅电池片 1 片。

（2）156 mm×156 mm 多晶硅电池片 1 片。

要求电池片无碎裂现象，每片不超过 2 个面积大于 1 mm^2 的缺角或者缺块，每片细栅断线不超过 1 根，断线长度不超过 1 mm。

三、工具清单

（1）激光划片机。

（2）游标卡尺、镊子、酒精、无尘布、激光防护眼镜。

四、工作准备

（1）工作时必须穿工作衣、工作鞋、工作帽、口罩、指套。

（2）做好卫生清洁工作，工作台面、工作区域干净无污染，工具摆放整齐有序。

（3）检查辅助工具是否齐全，有无损坏等，如不完全或齐备，需及时申领。

（4）计算好切片尺寸，画出草图，图中尺寸标注正确，方便后续编程。

五、操作步骤

（1）分选。

1）检查硅片有无缺角或破损，然后清点硅片是否和硅片盒上标记数目相符。

2）把清点完的硅片用两手轻轻拿起，其中一边边缘紧贴桌面，硅片与桌面垂直，根据硅片公差大小将硅片分类放置备用。

（2）设备调试。

1）按“激光划片机操作规程”开启激光划片机。

2）戴上激光防护眼镜，输入相应程序。

3）不出激光情况下，试走一个循环，确认电气机械系统正常。

4）置白纸于工作台上，出激光，调焦距，调起始点。

5）置白纸于工作台上，出激光（使白纸边缘紧贴 x 轴、y 轴基准线上，并不能弯曲），试走一个循环。

6）取下白纸，用游标卡测量到精确为止。

（3）激光划片。

1）将需切割的电池片负极（有减反射膜的一面）向下、正极（灰色）背面朝上，轻轻放置在工作台面上，电池片边沿紧靠定位尺，电池片背面栅线与轴平行。

2）编写切割程序，选择红外，试运行，确保每个片上至少有一条主栅线，程序编写正确。

3）点击“运行”键，开始切割。使激光划片机处于工作状态，调节激光器上微动旋钮，使激光的焦点上下移动，当激光打在芯片上散发的火花绝大部分向上蹿并听到清脆的切割声音时即焦距调好。切割的深度约为电池片厚度的 2/3。切割完毕，激光头应自动回到起始点。

4）用右手将切割完毕的电池片轻轻移到工作台边缘，然后用左手接住电池片，放在操作台上。

5）再把其他电池片放在切割位置，开启运行键，开始第二次切割。

（4）掰片。

1）将切割好的电池片拿起，灰色的背面朝上，拇指和食指捏住电池片的边缘，拇指在上，食指在下，沿光切的路径，两手同时用力掰片，向下将电池片分成单片。

2）根据单片栅线类别和单片在大电池片中的位置，将单片分类放置。

3）对划好的芯片进行逐片自检，使划出的芯片基本符合尺寸要求，误差不超过0.2 mm，不符合条件即为待处理片。

（5）检查。

1）检查电池片大小是否在公差范围内。

2）检查电池片是否有隐裂。

六、注意事项

（1）发现芯片有质量问题时，应及时报告相关技术人员或生产主管。

（2）切割要求、芯片的大小厚度改变时，都必须重新调节切割器。

（3）将切割过程中的待处理片和废片分类分开放置。

（4）电池硅片极易碎裂，或造成肉眼不可见的微裂，这种微裂会在后续工段中造成碎裂。所以，操作员工应尽量减少接触硅片的次数，以减少造成损伤的机会。

（5）电池片必须轻拿轻放，并应在盒中码放整齐，禁止在盒里或桌面上堆放。

（6）切片时，如果将电池片直接划断，容易造成电池正负极短路，反之，当工作电流太小，划痕深度不够，在沿着划痕用手将电池片掰断时，容易将电池片弄碎，切痕深度一般应控制在电池片厚度的二分之一到三分之二之间。

（7）为减少电池片在切割中的损耗，在正式切割前，应先用与待切电池片型号相同的碎电池片做试验，测试出该类电池片切割时激光划片机合适的工作电流 I_0。这样正常样品的切割中，划片机按照电流 I_0 工作，可以减少由于工作电流太大或太小而造成损耗。

（8）激光划片机激光束行进路线是通过计算机设置 XY 坐标来确定的，设置坐标时，一个小数点和坐标轴的差错会使激光束路线完全改变。因此，在电池片切割前，先用小工作电流（使激光能被看清光斑即可）让激光束沿设定的路线走一遍，确认路线正确后，再调大电流进行切片。

（9）一般来说，激光划片机只能沿 XY 轴方向进行切割，切方形电池片比较方便。当电池片被要求切成三角形等形状时，切割前一定要计算好角度，摆好电池片方位，使需要切割的线路沿 X 或 Y 方向。

（10）在切割不同电池片时，如果两次厚度差别较大，调整工作电流的同时，注意调整焦距。

（11）切割电池片时，应打开真空泵，使电池片紧贴工作面板，否则，将切割不均匀。

使用切割机切割太阳电池，还有其他一些需要注意的问题是：

1）一定要在水循环正常工作下，再启动激光电源和调节电源，否则温度过高，容易烧坏电源。

2）激光电源属于大功率高频开关电源，它会对外有或多或少的电磁污染，因而对电磁兼容性能的仪器设备，如变形仪、计算机等产生一定影响，建议采用屏蔽、电源隔离等方法抗干扰。

3）激光器一般采用氪灯泵浦，需要瞬时高压来触发氪灯，因此严禁在氪灯点燃前启动其他组件，以防高压串入。氪灯属于易损耗件，当发现老化时，需要更换新灯。

4）激光划片机工作环境要求：室内清洁无尘，相对湿度小于 80%，温度为 5～20 ℃；另外，要保持机内循环水干净，定期清洗水箱并更换去离子水或纯水。

七、程序示例

（1）找到原点的位置，并写入 *X*、*Y* 轴离原点的距离尺寸（mm）。

（2）开始根据所给图纸的尺寸编写程序（硅片紧贴 *X* 轴平放）。

（3）先写入横轴（*X* 轴）所切第一片宽度（mm），再写入纵轴（*Y* 轴）所切长度（按整片长度为准 150 mm），在此基础上增加 1 mm(151 mm)。

（4）写到最后一片的（*X* 轴）宽度时，应在所切宽度上增加 1 mm。

（5）写入从硅片中间应切的尺寸时按第一步所设定的长度的中间开始切。

（6）试划后确认并保留程序。

八、操作数据记录

本次实训操作记录表如表 3-1 所示。

表 3-1　划片操作记录表

序号	划片尺寸及形状	划片完成情况	备注

划片质量分析：

思　考　题

（1）简述激光划片工作原理。

（2）请编写长方形、三角形、圆弧形状的激光划片程序。

（3）如何确定切片尺寸和数量?

（4）简述切片时的注意事项。

项目四　电池片的焊接

在光伏组件生产中重要的一个环节就是电池片的焊接，焊接工序分为单焊和串焊两个步骤。单焊是指在电池片的正面主栅线上焊接焊带，串焊是指将单片焊接好的电池片按照工艺要求的数量一片片串联焊接起来。本项目主要介绍电池片的单焊和串焊工艺、工具的使用及维护、主要工装原料的性质等内容。

任务一　焊接用材料及设备

学习目标：

（1）了解焊接原料的性质；
（2）熟悉电烙铁结构，并掌握其使用方法。

电池片的焊接用到的工具有自动恒温加热工装、电烙铁、作业手套、橡胶指套，用到的原材料有助焊剂、焊带、酒精、焊锡丝等。只有了解原料的性质、设备的操作方法，才有可能实现高质量的焊接。

一、焊接的分类、原理及用途

按照焊接过程中金属所处的状态不同，可以把焊接方法分为熔焊、压焊和钎焊。

（一）熔焊

熔焊是指焊接过程中，将焊件接头加热至熔化状态，不加压完成焊接的方法。在加热的条件下增强了金属的原子动能，促进原子间的相互扩散，当被焊金属加热至熔化状态形成液体熔池时，原子之间可以充分扩散和紧密接触，因此冷却凝固后形成牢固的焊接接头。常见的气焊、电弧焊、电渣焊、气体保护焊等都属于熔焊。

（1）气焊。气焊是利用氧乙炔或其他气体火焰加热母材和填充金属，达到焊接目的。火焰温度为 3000 ℃左右。适用于较薄工件，小口径管道、有色金属铸铁、钎焊。

（2）手工电弧焊。手工电弧焊是利用电弧作为热源熔化焊条与母材形成焊缝的手工操作焊接方法，电弧温度在 6000~8000 ℃。适用于黑色金属及某些有色金属焊接，应用范围广，尤其适用于短焊缝、不规则焊缝。

（3）埋弧焊。自动或半制动电弧在焊剂区下燃烧，利用颗粒状焊剂，作为金属熔池的覆盖层，将空气隔绝使其不得进入熔池。焊丝由送丝机构连续送入电弧区，电弧的焊接方向、移动速度由手工或机械控制。适用于中厚板材料的碳钢、低合金钢、不锈钢、铜等直焊缝及规则焊缝的焊接。

(4) 气电焊。气体保护焊利用保护气体来保护焊接区的电弧焊。保护气体作为金属熔池的保护层把空气隔绝。采用的气体有惰性气体、还原性气体、氧化性气体，适用于碳钢、合金钢、铜、铝等有色金属及其合金的焊接。氧化性气体适用于碳钢及合金钢。

(5) 离子弧焊。利用气体在电弧中电离后，再经过热收缩效应、机械收缩效应、磁收缩效应而产生的一种超高温热源进行焊接，温度可达 20000 ℃左右。

(二) 压焊

压焊是指焊接过程中必须对焊件施加压力（加热或不加热）以完成焊接的方法。这类焊接有两种形式：一是将被焊金属接触部分加热至塑性状态或局部熔化状态，然后施加一定的压力，使金属原子间相互结合形成牢固的焊接接头，如锻焊、接触焊、摩擦焊和气压焊等就是这种压焊方法；二是不进行加热，仅在被焊金属的接触面上施加足够的压力，借助于压力所引起的塑性变形，以使原子间相互接近而获得牢固的接头，这种方法有冷压焊、爆炸焊等（主要用于复合钢板）。

(1) 摩擦焊。利用焊件间相互摩擦，接触端面旋转产生的热能，施加一定的压力而形成焊接接头。适用于铝、铜、钢及异种金属材料的焊接。

(2) 电阻焊。利用电流通过焊件产生的电阻热，加热焊件（或母材）至塑性状态，或局部熔化状态，然后施加压力使焊件连接至一起。适用于可焊接薄板、管材、棒料。

(三) 钎焊

钎焊是指采用比母材熔点低的金属材料，将焊件和钎料加热到高于钎料熔点、低于母材熔点的温度，利用液态钎料润湿母材，填充接头之间间隙并与母材相互扩散实现连接焊件的方法。常见的钎焊方法有烙铁钎焊、火焰钎焊。

(1) 烙铁钎焊。利用电烙铁或火焰加热烙铁的热量。加热母材局部，并使填充金属融入间隙，达到连接的目的。适用于熔点 300 ℃的钎料，一般用于导线，线路板及原件的焊接。

(2) 火焰钎焊。利用气体火焰为加热源，加热母材，并使填充金属材料融入间隙，达到连接目的。适用于不锈钢、硬质合金、有色金属等一般尺寸较小的焊件。

在光伏组件加工中主要采用的是钎焊，它又分为硬焊和软焊，两者的区别在于焊料的熔点不同，软焊的熔点不高于 450 ℃。采用锡焊料进行焊接的又被称为锡焊，它是软焊的一种。锡焊方法简便，整修焊点、拆换元件、重新焊接都比较容易实施，使用简单的电烙铁即可完成任务。

由于太阳能电池片具有薄、脆和易开裂等物理特性，在太阳能电池组件生产环节中，电池片的损耗率是有严格要求的，一般不能超过 0.4%，所以，只有经过严格的工艺训练达到相应标准才能在手工焊接岗位从事电池片的生产加工任务。图 4-1 是焊接工位台，电池片的单焊和串焊都在工位台上完成。

图 4-1　焊接工位台

二、焊接设备

（一）单焊和串焊加热工装

电池片在低温时脆性大，易碎，单焊和串焊加热工装目的是确保电池片在一定加热温度下进行电池片的焊接，一般加热板温度设置在45 ℃左右。图4-2和图4-3分别是单焊和串焊加热工装。

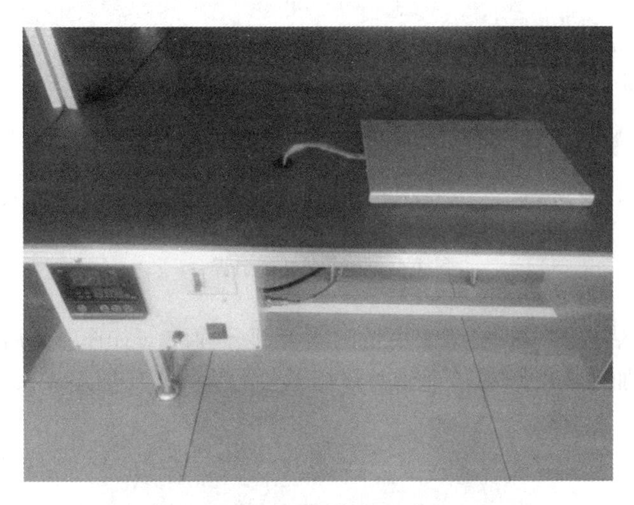

图4-2　单焊加热工装

图4-3　串焊加热工装

（二）防静电可调温焊台

防静电可调温焊台如图4-4所示。由图可知焊台主要包括调温部分和电烙铁。通过旋钮调节温度至焊带合适温度，利用温度热电偶控制温度，电烙铁温度的高度与焊带的种类有关系，无铅焊带的焊接温度要高于有铅焊带。下面主要介绍电烙铁的使用与维护。

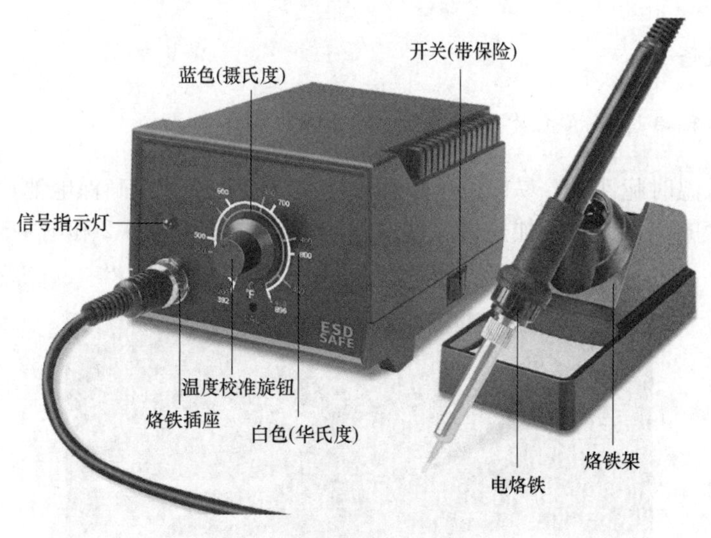

图 4-4　防静电可调温焊台

（1）电烙铁的结构。一般的烙铁头是由以下部分构成（如图 4-5 所示），因为铜导热快，能够有效地将加热体的热量传递到被焊接元件的管脚，所以烙铁头的芯体采用铜。

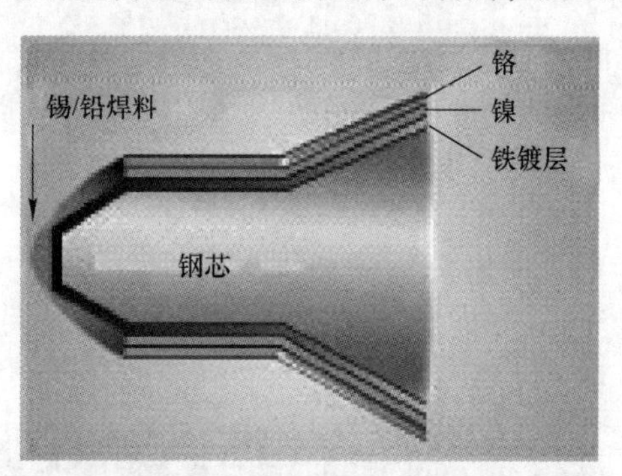

图 4-5　传统烙铁头的结构

1）烙铁头的失效模式主要有 4 种。

① 表面镀层破裂损坏，只要正常使用，这种损坏不常发生。

② 腐蚀，这是不可避免的，下面将进行重点分析。

③ 不沾锡，这种失效的原因是烙铁头表层产生了氧化物，由于氧化物是隔热层，阻碍了烙铁头的传热，当感觉烙铁头不热时，常常就是烙铁头出现了不沾锡（其现象是焊锡像水银一样在烙铁头形成球状）。

④ 磨损，正常使用中只要烙铁头与被焊接管脚接触，磨损就会发生，如果是拖焊，磨损会加剧。

2）烙铁头的腐蚀失效分析。烙铁头在正常使用过程中会不断被腐蚀，这是无法避免的，而且在无铅焊接条件下，无铅合金焊料（与其配合使用的助焊剂）还会加速这种腐蚀，使烙铁头的更换更加频繁。

解决这个问题的关键在于降低烙铁头的最高和平均温度。烙铁头里面含有锡，因为锡是一种比铁更活跃的金属，自然容易侵蚀烙铁头的铁镀层。不管是有铅焊接还是无铅焊接，锡都是不能缺少的。因此，采用无铅焊接会加快烙铁头的腐蚀，使烙铁头的寿命有所下降，因为：

① 锡的含量增大，而锡会腐蚀烙铁头中铁的涂层。

② 无铅合金的熔点较高，烙铁头被腐蚀的速度与温度成正比。

③ 铁的涂层有较高的氧化率。

④ 助焊剂有更强的腐蚀性。

由于材料本身的特性，所有烙铁头的涂层表面都有缺陷，存在如图 4-6 所示的裂缝。焊锡熔化以后势必沿着这些裂缝向铁镀层内渗透。这种损坏被称为初始的损伤，大部分使用时间（约 90%）会导致烙铁头的这种损伤，如图 4-7 所示。一旦熔化的焊锡穿透铁镀层进入到铜芯的内部，铜材料就会迅速地被破坏，烙铁头的寿命就终止了。10%的使用时间导致烙铁头出现如图 4-8 所示的这种损坏。

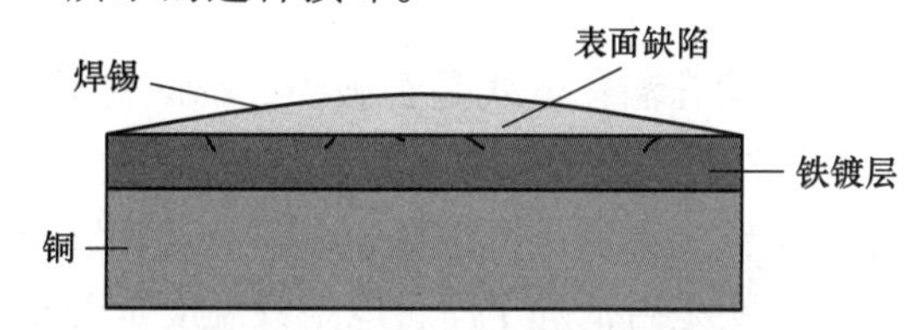

图 4-6　材料固有特性导致表面缺陷（如裂缝）的存在

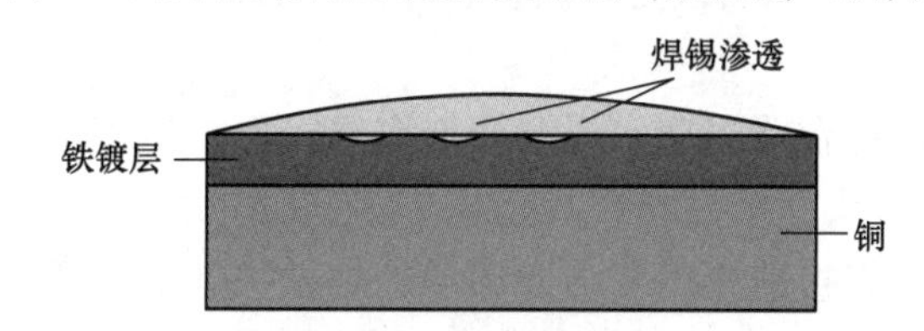

图 4-7　熔化的焊锡向铁镀层内渗透产生初始损伤

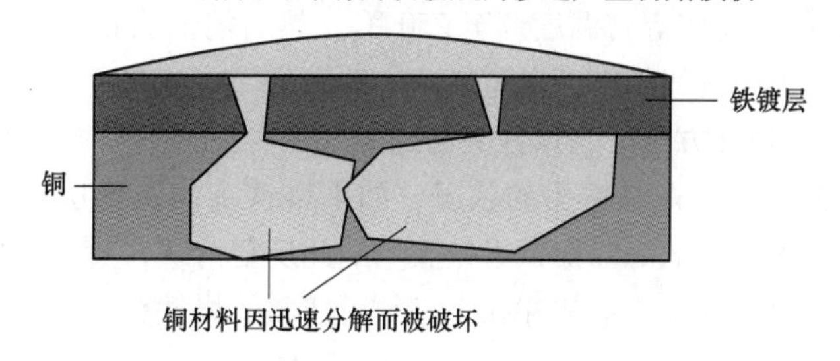

图 4-8　铜材料被分解导致烙铁头寿命的终止

3）铁镀层厚度与热传导特性。增加铁镀层厚度虽然可以增加烙铁头的使用寿命，但将导致烙铁的热传导特性下降，所以并不是镀层厚度越厚越好，如图 4-9 所示。

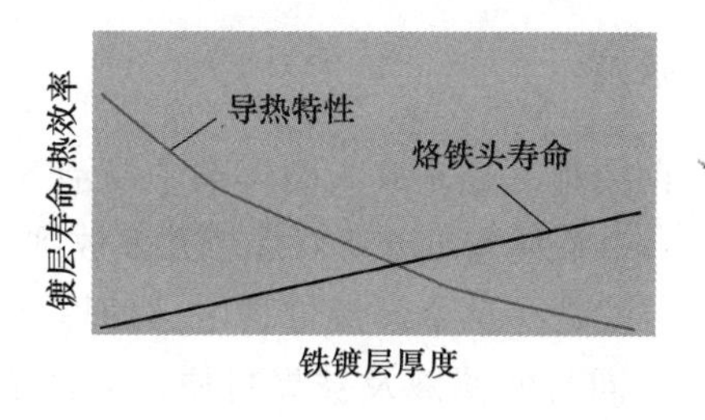

图 4-9　铁镀层厚度与热传导效率之间的关系

烙铁头的镀层质量和正确的使用维护方法，直接影响到烙铁头的热传导特性与使用寿命。

（2）电烙铁的使用。

1）烙铁头的使用和保养。

① 在保证焊接质量的前提下，尽量选择较低的焊接温度。

② 应定期使用清洁海绵清理烙铁头。

③ 电烙铁不用时，应抹干净烙铁头，镀上新焊锡，防止烙铁头氧化。

④ 不使用电烙铁时，不可让电烙铁长时间处在高温状态。

2）常见故障和解决方法。

① 恒温台不能工作：保险丝是否烧断、电烙铁内部是否短路、发热元件引线是否扭曲和短路等。

② 烙铁头不升温或断断续续升温：电线是否破损、插头是否松动、发热元件是否损坏等。

③ 烙铁头沾不上焊锡：烙铁头温度是否过高、烙铁头是否清理干净等。

④ 烙铁头温度太低：烙铁头是否清理干净、电烙铁温度是否校准等。

⑤ 温度显示闪烁：电烙铁引线是否破损、焊接点是否过大。

（3）焊接工具。

1）清洁海绵。使用焊台前先用水浸湿清洁海绵，再挤出多余的水分。如果使用干燥的清洁海绵，会导致烙铁头受损而导致不上锡。

2）烙铁头的清理。焊接前先用清洁海绵清除烙铁头上的杂质，以保证焊点不出现虚焊、脱焊现象，降低烙铁头的氧化速度，延长烙铁头的使用寿命。

3）烙铁头的保护。先将焊台温度调至 250 ℃，然后清洁烙铁头，再覆上一层新焊锡作为保护层，将烙铁头和空气隔离，避免烙铁头的氧化。

4）氧化的烙铁头处理方法。当烙铁头已经氧化时，可先将焊台温度调至 250 ℃，用清洁海绵清理烙铁头，并检查烙铁头的状况，如果烙铁头的镀锡层部分含有黑色氧化物时，可镀上新锡层，再用清洁海绵擦拭烙铁头。如此反复清理，直到彻底去除氧化物，然后再镀上新锡层；如果烙铁头变形或穿孔，必须更换新的烙铁头。注意：切勿用锉刀剔除烙铁头氧化物。

用 80 号的聚亚安酯研磨泡沫或 100 号金刚砂纸除去烙铁头镀锡面上的污垢和氧化物。清理完毕后，打开焊台电源，边加热边用内含松香的焊锡丝涂抹烙铁头镀锡层表面，直到焊锡镀满镀锡面为止。

（三）焊接用原材料的性质

（1）助焊剂。在焊接之前要把互连条放入助焊剂中浸泡 8 min，然后吹干平铺在棉纸上，根据电池片背电极类型，由备料人员准备好焊带并发放到焊接台工作位置。

助焊剂的定义概括来讲，就是在整个焊接过程中，助焊剂通过自身的活性物质作用，去除焊接材质表面的氧化层，同时使锡液及被焊材质之间的表面张力减小、增强锡液流动、浸润的性能帮助焊接完成，所以它的名字为“助焊剂”。

1）常用的助焊剂成分。

① 溶剂能够使助焊剂中的各种组分均匀有效地混合在一起，目前常用溶剂主要以醇类为主，如乙醇、异丙醇等。甲醇虽然价格成本较低，但因其对人体具有较强的毒害作用，目前已很少使用。

② 活化剂以有机酸或有机酸盐类为主，无机酸或无机酸盐类在电子装联焊剂中基本不用，在其他特殊焊剂中有时会使用。

③ 表面活性剂以烷烃类或氟碳表面活性剂为主。

④ 松香树脂本身具有一定的活类等高效化性，但在助焊剂中添加时，一般作为载体使用，它能够帮助其他组分有效发挥其应有作用。

⑤ 其他添加剂，除以上组分外，助焊剂往往根据具体的要求而添加不同的添加剂，如光亮剂、消光剂、阻燃剂等。

2）助焊剂的作用。

① 有清洗被焊金属和焊料表面的作用（去除氧化物和污物）。

② 熔点要低于所有焊料的熔点（保证先熔化并浮在熔融焊料表面）。

③ 在焊接温度下能形成液状，具有保护金属表面的作用。

④ 有较低的表面张力，受热后能迅速均匀地流动（浸润与扩散）。特别是对于1.8 mm宽的主栅线，2 mm宽的互连条，对浸润能力要求更高，因为要想让互连条上面的焊料进入主栅线，其运行轨迹是有弯曲的。如浸润能力不足，焊料将随烙铁头流动，所以，相对较窄的互连条可焊性比宽的互连条要强一些，是因为互连条上下面的焊料能与主栅线直接地接触，热量也能快速传至主栅线。如果助焊剂与熔融的焊料不能与主栅线有效接触，热量也难于传至主栅线，因此更不容易形成合金相，这种情况从表面上看焊接很好，但其实也是近似于虚焊。

⑤ 不导电，无腐蚀性，残留物无副作用。

⑥ 熔化时不产生飞溅或飞沫。

⑦ 助焊剂的膜要光亮，致密、干燥快、不吸潮、热稳定性好。

3）常用助焊剂的一些基本要求。

① 具一定的化学活性保证去除氧化层的能力。

② 具有良好的热稳定性保证在较高的焊锡温度下不分解、失效。

③ 具有良好的润湿性、对焊料的扩展具有促进作用保证较好的焊接效果。

④ 留存于基板的焊剂残渣对焊后材质无腐蚀性，基于安全性能考虑水清洗类或清洗型焊剂，应考虑在延缓清洗的过程中有较低的腐蚀性或保证较长延缓期内的腐蚀性是较弱的。

⑤ 需具备良好的清洗性，不论是何类焊剂，不论是否是清洗型焊剂，都应具有良好的清洗性。要求在切实需要清洗的时候都能够保证有适当的溶剂或清洗剂进行彻底的清洗，因为助焊剂的根本目的只是帮助焊接完成，而不是要在被焊接材质表面做一个不可去除的涂层。

⑥ 各类型焊剂应基本达到或超过相关国标、行标或其他标准。一些基本参数的规范要求达不到相关标准要求的焊剂严格意义上讲是不合格的焊剂。

⑦ 焊剂的基本组分应对人体或环境无明显公害或已知的潜在危害。环保是当前一个世界性的课题，它关系到人体、环境的健康、安全也关系到行业持续性发展的可能性。

4）助焊剂的特性。

① 润湿横向流动，又称浸润，是指熔融焊料在金属表面形成均匀、平滑、连续并附着牢固的焊料层。浸润程度主要决定于焊件表面的清洁程度及焊料的表面张力。金属表面看起来是比较光滑的，但在显微镜下面看，有无数的凹凸不平、晶界和伤痕，焊料就是沿着这些表面上的凹凸和伤痕靠毛细作用润湿扩散开去的，因此焊接时应使焊锡流淌。流淌的过程一般是松香在前面清除氧化膜，焊锡紧跟其后，所以说润湿基本上是熔化的焊料沿着物体表面横向流动。润湿的好坏用润湿角来衡量。

② 扩散纵向流动，伴随着熔融焊料在被焊面上扩散的润湿现象还出现焊料向固体金属扩散的现象。例如，用锡铅焊料焊接铜件，焊接过程中既有表面扩散，又有晶界扩散和晶内扩散。锡铅焊料中的铅只参与表面扩散，而锡和铜原子相互扩散，这是不同金属性质决定的选择扩散。正是由于这种扩散作用，在两者界面形成新的合金，从而使焊料和焊件牢固地结合。

（2）焊带。焊带由无氧铜剪切拉拔或轧制而成，为了便于良好的焊接，它外表面有涂锡层，所以有时也称为涂锡带。在光伏组件加工中它又细分为两种，用于电池片单焊和串焊时，称为互连条；用于互连电池组单元时，称为汇流条。互连条与汇流条对比，互连条宽度窄和厚度薄，因此可以允许通过的电流值也不大。在选用时，要求焊带具有较高的焊接操作性、牢固性及电流值，主材要求为选用符合 GB/T 2059—2008 标准的无氧铜带。

1）焊带的主要技术指标。

① 外观检验：表面光滑，色泽发亮，边部不能有毛刺。

② 厚度（单面）：0.01~0.045 mm。

③ 电阻率（标准）：不大于 0.01725 $\Omega\cdot mm^2/m$。

④ 抗拉强度 σ_b（软）≥196 MPa；抗拉强度 σ_b（半硬）≥245 MPa。

⑤ 伸长率 δ_{10}（软）≥30%；伸长率 δ_{10}（半硬）≥8%。

⑥ 成品体积电阻系数：$(2.02\pm0.08)\times10^{-8}$ $m\cdot\Omega$。

⑦ 涂层熔化温度：不大于 245 ℃。

⑧ 侧边弯曲度：每米长度自中心处测量不超过 1.5 mm。

⑨ 应具有增功率现象。

⑩ 使用寿命：不小于 25 年。

2）焊带的检验规则和质量要求。焊带需按厂家出厂批号进行样品抽检，对其主要技术指标，即外观、厚度、电阻率、抗拉强度、伸长率、成品体积电阻系数、涂层熔化温度、侧边弯曲度、应具有增功率现象进行全面检测，当有一项或一项以上不符合检验要求，对该批号产品进行再次样品抽检，如果仍有不符合电阻率、成品体积电阻系数、侧边弯曲度等质量要求的，判定该批次为不合格产品。

3）焊带的选取。焊带是光伏组件焊接过程中的重要部件，其质量的好坏将直接影响到光伏组件电流的收集效率，对光伏组件的功率影响很大。焊带在串联电池片的过程中一定要做到焊接牢固，避免虚焊、假焊现象的发生。

在选择焊带时需按照电池片的特性来决定，一般根据电池片的厚度和短路电流的大小来确定焊带的厚度，互连条的宽度要和电池的主栅线宽度一致，焊带的软硬程度一般取决于电池片的厚度和焊接工具。

① 手工焊接。手工焊接要求焊带越软越好，较软的焊带在烙铁走过之后会很好地和电池片接触在一起，焊接过程中产生的应力较小，可以降低碎片率。但过软的焊带的抗拉力会降低，很容易拉断。

② 自动焊接。对于自动焊接工艺，焊带可以稍硬一些，这样有利于焊接机器对焊带的调直和压焊，太软的焊带用机器焊接容易变形，从而降低产品的成品率。

4）焊带的焊接。焊接焊带使用的电烙铁根据不同的组件有不同的选择，焊接灯具等小光伏组件对烙铁的要求较低，小组件自身面积较小，对烙铁热量的要求不高，一般35 W 电烙铁可以满足焊接含铅焊带的要求，但是焊接无铅焊带时应尽量使用50 W 电烙铁，而且要使用无铅长寿烙铁头，因为无铅焊锡氧化速度快，对烙铁头的损害较大。无铅焊接要选择一个合适的电烙铁，选择功率可调的无铅焊台是个不错的选择，无铅焊台一般是直流供电，电压可调，直流电烙铁的优点是温度补偿快，这是交流调温电烙铁所无法比拟的。无铅焊带的焊接依据电池片的厚度和面积应选择70～100 W 的烙铁，小于70 W 的烙铁一般在无铅焊接时会出现问题。

烙铁头和焊带的接触端要尽量修理成和焊带的宽度一致，接触面要平整。焊接的助焊剂要选用无铅无残留助焊剂。在焊接无铅焊带的过程中，要注意调整的焊接习惯，无铅焊锡的流动性不好，焊接速度要慢很多，焊接时一定要等到焊锡完全熔化后再走烙铁，烙铁要慢走，如果发现走烙铁过程中焊锡凝固，说明烙铁头的温度偏低，要调节烙铁头的温度，升高到烙铁头流畅移动、焊锡光滑流动为止。

5）焊带的主要作用与存储环境。

① 主要材料。焊带主要基材为无氧铜，铜的纯度为99%，表面热镀了一层锡层。

② 主要作用。通过焊接过程将电池的电极电流导出，再通过串联或并联的方式将引出的电极与接线盒有效地连接。焊带是光伏组件焊接过程中的重要原材料，焊带质量的好坏将直接影响到光伏组件电流的收集效率，对光伏组件的功率影响很大。

③ 焊带的储存环境。焊带避光、避热、避潮，不得使产品弯曲和包装破损。卷轴包装产品在搬运及使用过程中请勿立放。

任务二　焊接工艺与操作实训

学习目标：

（1）掌握单焊焊接工艺；
（2）掌握串焊焊接工艺。

电池片的焊接包括单焊与串焊，单焊是对构成组件的每个电池片的正面进行单独焊接，串焊是将各单焊完的电池片正极面串接起来，最后将各串电池片通过汇流条连接起来形成一个完整的电源电路。

一、备料工序

（一）焊带的裁剪

焊带的裁剪主要用于对互连条和汇流条的裁剪。

（1）焊带长度的确定。焊带包括互连条和汇流条，在焊接前的准备工作中，要先将焊带裁剪至合适的长度，一般互连条长度为电池片长度的 2 倍，汇流条裁剪长度因连接的位置而定，如果连接的是电池与电池串，一般裁剪成略大于电池片宽度，如果是作为正负极引出线，汇流条的长度应根据实际连接电路而定。

（2）仪器、工具、材料。

1）所需原、辅材料：焊带、汇流条、助焊剂。

2）设备、工装及工具：汇流条自动裁切机、焊带浸泡盒、焊带吹干盒、剪刀、汇流带折弯简易工装。

（3）准备工作。

1）操作前检查剪刀是否生锈，若有，沾上无水乙醇进行擦拭，并经过组长或巡检人员进行确认，方可使用。

2）清洁工作台面，保持环境整洁，防止电池片污损；穿戴工作衣、鞋、帽、口罩和手套。

（4）作业流程。

1）根据车间《物料周转规范》将生产所需焊带和汇流条按生产所需数量领至车间辅料准备区。

2）取一捆焊带，检查外包装是否完好，后拆开检查是否存在发黄、发黑或焊带扭曲等现象。

3）根据《汇流条自动裁剪机操作规程》将汇流带安装于自动裁剪机上，并根据所需汇流条的长度选择已设定好的程序，按 START 键开始裁剪，自动裁剪机如图 4-10 所示。

图 4-10　自动裁剪机

4）将裁剪好的汇流条根据《设计文件》规定的弯折长度，依靠简易工装进行折弯，汇流条折弯图如图 4-11 所示。

5）将折弯好的汇流带按照正负两种包装，送至生产线。

6）检验。

7）品管对汇流带的裁剪尺寸和焊带的来料尺寸进行监督抽检并记录。

8）汇流条偏离直线最大距离不超过长度的 1%。

9）焊带汇流条裁剪使用过程中若发现有发黄、发黑、变形等不良现象及时通知品质

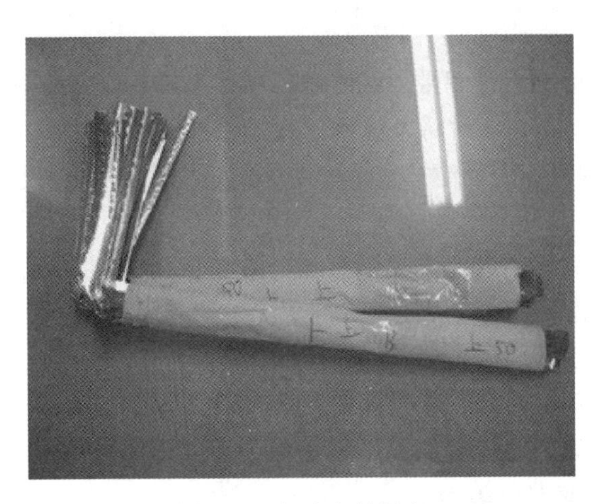

图 4-11　汇流条的折弯

相关人员进行处理。

（5）注意事项。

1）汇流条自动裁剪机使用过程中必须时刻关注裁剪后汇流带的长度，弯曲度等，若发现异常立即关闭电源，并通知设备维修员进行处理。

2）汇流条折弯过程中注意正负极，正负极汇流带数量不须相等，并且分开摆放。

（二）焊带的浸泡

涂锡铜带按照用途分为互连条与汇流带两种，互连条用在单焊串焊，汇流条用在敷设工序。焊带的浸泡的目的是提高焊接环境，通过浸泡焊带、烘干正确的作业流程，有助于实现高的焊接质量。

（1）设备、工具、材料。

1）设备：烘干机。

2）工具：300 mm 钢板尺、防腐蚀手套、密封塑料盒、镊子。

3）材料：涂锡铜带、助焊剂。

（2）准备工作。

1）穿工作服、鞋，戴工作帽、指套、口罩，以防止裸手接触到涂锡铜带，手部的汗液和油脂将会影响互连条和电池片的可焊性。

2）清洁工作台面，做好工艺卫生，保持环境整洁，防止涂锡铜带污损及变形。

3）向密封塑料盒注入和材料清单相同型号的助焊剂。

4）检查烘干机是否正常，各方面参数及设备运行正常后方可投入使用。

（3）工艺流程。

1）检查助焊剂生产日期，超过有效使用期限不能使用。

2）戴好口罩（或防毒面具）和橡胶手套。

3）将焊带放入金属网筐中铺平，再将网筐放入加好助焊剂的容器中，使焊带浸入助焊剂中，并翻动焊带使其与助焊剂充分接触。如没有金属网筐，直接将焊带放入容器中。

4）助焊剂使用之前先进行摇匀或搅拌，防止由于静放时间长，助焊剂浓度上下不均匀。

5）助焊剂用量：标准组件焊带 10 件/150 mL，小组件焊带 10 件/100 mL。

6）浸泡时间 5~7 min，然后将金属网筐提起滤掉多余的助焊剂，没有使用金属网筐的情况下，竖直拎起焊带，手动滤掉多余的助焊剂。

（4）注意事项。

1）更换不同规格助焊剂或清洗浸泡容器，重新使用前，需要用新助焊剂涮洗浸泡容器 1~2 次，烘干容器需要更换或用新助焊剂清洗 1~2 次。

2）废弃的助焊剂统一放置，严禁随意倾倒、丢弃。

3）将剩下的助焊剂密封好，防止挥发及落入杂物。

4）将滤掉多余助焊剂的焊带放在不锈钢烘干容器里，然后放在烘干箱下面，焊带离吹风口高度 10~15 cm 或 15~20 cm。

5）打开电源开关，进行烘干，每隔 30 s 翻动一下焊带，使其充分干燥。

烘干时注意把握好烘干时间，如果焊带距吹风口的距离为 10~15 cm，烘干时间为 3~5 min；如果焊带距吹风口的距离为 15~20 cm，烘干时间为 7~10 min。无论何种情况不允许烘干时间超过 10 min，烘干过程中焊带表面的温度不允许超过 90 ℃。

6）焊带烘干的检测：取焊带进行目测，一般烘干的焊带表面发灰发白，取一烘干的焊带平放在白纸上，放焊带处纸不变湿为宜。

7）整理焊带，检查吹干好的焊带，将其中有扭曲、弯曲的焊带挑出，再用洁净的纸将烘干的好焊带按 10~15 件/包包裹起来，送焊线使用。

（5）注意事项。

1）操作前必须戴口罩和手套。

2）助焊剂要放在通风位置，温度在 25 ℃左右，防止明火和阳光直射。

3）每次浸泡的焊带要全部取出，不许遗留。

4）翻动焊带和滤掉助焊剂时动作不宜过大，防止焊带被扭曲，扭弯。

5）暂时不用的助焊剂必须密封，隔夜放置的助焊剂不许再次使用。隔夜使用过的助焊剂不许再次使用。

6）每次浸泡或烘干作业，容器内放置的焊带数量为：标准组件 15~20 件，小组件根据焊带尺寸进行换算。

7）烘干焊带时须双手均匀翻动焊带，防止焊带被扭曲、弯曲，如有扭曲、弯曲的焊带，整理时要将其挑出。

8）注意烘好后的焊带放置时间不宜过长，以保证焊接过程中能起到助焊作用。隔夜烘好的焊带须经过工艺确认后方可再次使用。

9）助焊剂为易燃品使用过程中严禁明火，若不慎助焊剂进入眼睛、嘴巴应先用布擦干并用大量清水清洗，若出现严重症状需及时就医。

二、单焊工艺操作

将互连条平直焊接到电池片的主栅线上，并保证电气和机械连接良好，是生产出高质量光伏组件的基础。

（一）准备工作及要求

（1）检查所需的工具和材料是否齐全。

1）工具：电烙铁、无尘布、酒精壶、棉签。

2）材料：初检良好的电池片、助焊剂、酒精、互连带（浸泡）、焊锡丝。

3）劳保用品：工作服、工作鞋，工作帽、口罩、手指套。

（2）检查和调试所配备的工具确保能正常使用。例如，电烙铁调温系统是否正常，烙铁头是否光滑平整等，如发现问题，需要及时解决。

（3）及时的清洁工作台面、清理工作区域地面，工作环境干净整洁，工具摆放整齐有序。

（4）穿工作衣、鞋、戴手套（或指套），以防止裸手接触到电池片，手部的汗液和油脂影响电池片和 EVA 的胶连。

（5）裁剪互连条并保持平直，放入助焊剂盒浸泡，浸泡 5~7 min 左右，以方便焊接操作。

（6）刮去电池片电极的氧化物，防止虚焊。

（7）将晾干的互连条平放在白纸上，在规定的时间内用完，防止助焊剂过度挥发影响焊接效果。

（8）领取电池片后，检查电池片有无缺角破损隐裂的等质量问题。

检查硅片有无缺角或破损，如硅片色差严重，应按深浅不同分选电池片，将一致或相似的电池片分选出来，分类放置。具体要求如下。

1）每块芯片无碎片、裂缝、裂纹现象。

2）缺角或缺块不大于 1 mm^2，每片不超过两个。

3）表面无明显污垢，无栅线脱落，栅线断开不超过 1 mm。

（9）预热电烙铁和加热台，调整电烙铁和加热台（45 ℃）到规定温度，随时检查电烙铁的温度。

（10）每日检验恒温电烙铁的实际温度和标称温度是否相符，并作相应调整和记录，防止电烙铁性能改变影响焊接。

（11）新开封的电池片必须试焊，每天正式焊接前也应用废片试焊，检查焊接质量，观察烙铁温度及焊接速度是否合适（参考温度为 350~400 ℃）。

（12）操作过程中必须戴手套或指套，尽量减少与电池片的摩擦且保持手指套洁净。

（二）工艺要求

（1）焊接平直、光滑、牢固，用手沿 45°左右方向轻提焊带不脱落。

（2）电池片表面清洁，焊接条要均匀的焊在主栅线内。

（3）单片完整，无碎裂现象。

（4）不许在焊接条上有焊锡堆积。

（5）助焊剂定期更换，玻璃皿及时清洗。

（6）作业过程中都必须戴好帽子、口罩、指套，禁止用未戴手指套的手接触电池片。

（7）参数要求：烙铁温度为 350~380 ℃，工作台板温度为 45~50 ℃，烙铁头斜度与桌面成 30~50°夹角。

（三）焊接过程

图 4-12 是电池片单焊焊接示意图，图中电池片含有两条主栅线，实际制作小组件时，电池片上的主栅线可能就只有一条，选择面积大的电池片，主栅线也可能有 3 条及以上。图中起焊点位置距离电池片前端约 1 mm，终点是提烙铁头的位置距离电池片后边缘 4~6 mm，这样留有一定距离的目的是避免电池片正负极因焊锡而发生短路，距前端近、后端远，这是因为焊接过程也是焊锡堆积的过程，焊接结束时，焊锡有大量堆积，如果距电池片后端近，有可能导致电池片正负极短路，前端起焊点因为刚开始焊，焊锡堆积量很少，无须留出太大的距离。

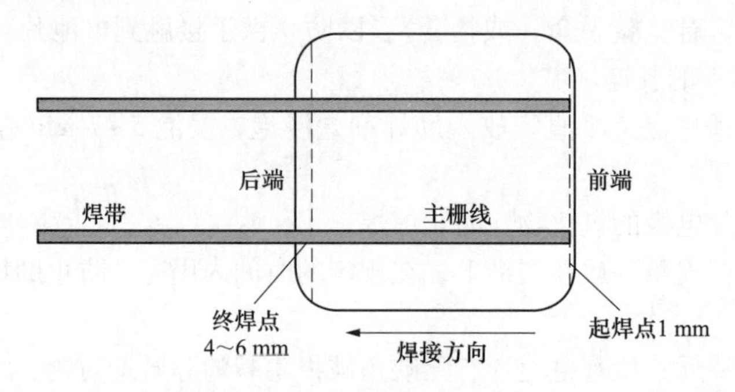

图 4-12 电池片单焊焊接示意图

（1）取出一片电池片要求负极朝上轻放在自己的正前方的焊台上。

（2）将焊带平放在单片的主栅线上，焊带的一端应放在离电池片的上边缘空一个栅格的地方。

（3）右手拿烙铁，从上至下均匀地沿焊带轻轻压焊。焊接时烙铁头的起始点应在距焊带上边缘 0. 5~1 mm 处。

（4）焊接中烙铁头的平面应始终紧贴焊带（用力均匀适度）。

（5）烙铁与桌面的夹角要保持在 45°之间（焊接时应注意不要划伤电池片）。

（6）当焊到末端时，距电池片左端 4~6 mm 处停止（保证 6 mm 之前的必须焊上），并顺势提起电烙铁，快速离开电池片。

（7）焊接时应一次完成，不能在电池片上来回划动。

（8）焊接完一根焊带时要擦一下电烙铁。

（9）先焊接电池下方的主栅线焊带，后焊接上方的主栅线焊带。

（10）在焊接过程中，个别焊接不牢的地方，需要用棉棒蘸取助焊剂，涂在焊带上，稍微干燥后再次补焊。

（11）烙铁的温度范围在（380±10)℃，焊接速度：125 的电池片为 5 s/条，156 的电池片为 7 s/条。

（12）单焊过程中焊带不能偏离主栅线。

（13）单焊完电池片看是否有助焊剂等异物，如有应用无水乙醇进行轻轻擦拭，擦电池片时一定要擦干净（目的是把电池片的脏东西擦掉），最后把电池片及焊带上的残留锡渣处理掉。

（14）焊接完毕的电池片正面朝上，放置于轻软物品上。

（四）焊接质量检查

（1）检查项目。

1）检查电池片的质量是否符合要求。包括：无缺角，无裂片，无隐裂，无崩边，无色差等。

2）检查焊带浸泡和晾干情况是否符合要求。

3）已焊电池片是否有助焊剂等异物，如有应用无水乙醇进行轻轻擦拭。

4）焊带部位应平整、光洁，无锡珠或毛刺如有焊渣、毛刺、锡珠等问题应进行处理。

5）用手沿 45°左右方向轻提焊带条是否脱落，检查已焊电池片是否虚焊、过焊（由于焊接时间太长或烙铁温度太高导致电池片主栅线硅裂）。

6）焊带是否偏离电池片的主栅线。

（2）焊接标准。

1）电池片表面要清洁不能有助焊剂，焊锡等异物。

2）焊带部位应平整、光洁，无锡珠或毛刺，无虚焊和过焊现象。

3）焊带不能偏离电池片的主栅线，焊后电池片无隐裂、裂片、缺口、缺角、主栅线断裂等现象。

（五）注意事项

（1）烙铁高温，要注意防烫伤，使用时注意不要伤到自己和别人。

（2）放置时放在烙铁架上，不允许随意乱放，电烙铁不用时应拔下插座。

（3）焊接前应检查烙铁头是否有残留的焊锡及其他脏物；如有，将烙铁头用干净的清洁棉擦拭，去除残余物。

（4）如果焊带存在晾干问题，会导致电池片的污染，影响组件的质量。

（5）烙铁头表面不平整、不清洁，会导致焊接后焊带表面不光滑，并且容易产生焊锡渣。

（6）焊接时间过短可能导致电池片的虚焊，焊接时间过长可能导致电池片的主栅线的破裂。

（7）焊接温度过低可能导致电池片的虚焊。

（8）如果没有质量检验，会导致下道工序不能顺利进行，影响生产进度，甚至影响组件质量。

（9）工位所用的材料及工装器具到位。

（10）按要求检查设备，依照操作规程。

（11）对设备出现的问题应按要求及时报告处理并记录。

（12）对发现的质量问题及时反馈工艺员及质检员。

（13）对不良品经质检员确认后放入不良品区及时处理。

（14）不得擅自离岗串岗。

（六）数据记录

将数据记录在表4-1中。

表4-1　操作记录表

序号	焊接时间	存在的问题

单焊任务实训存在的问题及改进建议：

三、电池片串焊操作与工艺

串焊是焊接的电池片的正极，将单焊好的电池片用焊带结合辅助材料，把单片的互连条平直地焊接到下一电池片的背电极上，并保证电气和机械连接良好，正反表面互连条光亮，同时要注意电池片的串、并联电路连接要正确。

（一）工艺要求

（1）互连条焊接平直光滑，无突起、毛刺、麻面。
（2）电池片表面清洁完整，无隐裂现象。
（3）焊条要均匀落在背电极内，焊带与被点击栅线的错位不大于0.5 mm。
（4）焊带的长度必须覆盖背电极长度的80%以上。
（5）焊带焊接后要平直、光滑、牢固，无凸起、毛刺、焊锡堆积。
（6）焊接参数要求：电烙铁温度为350~380 ℃，工作台加热板温度设定范围为50~55 ℃。
（7）手套和指套、助焊剂须每天更换，玻璃器皿要清洁干净。
（8）烙铁架上的海绵也要每天清洁。
（9）在作业过程中触摸材料须戴手套（或指套）。

（二）物料清单

（1）焊接合格的单个电池片。
（2）助焊剂和无水乙醇。
（3）浸泡助焊剂后经充分干燥的互连条（焊带）。

（三）工具清单

（1）串接工作台。
（2）恒温焊台（电烙铁）、电池片。

（3）定位模具：常用两种类型的模板是 125、156 串焊接模板（加热平台），如果是切割后的小片，串联时无需定位模具，图 4-13 为串焊模板示意图。

（4）金属镊子、剪刀、毛笔和清洁棉。

（5）玻璃器皿：盛放助焊剂用的玻璃器皿。

（6）锉刀和螺丝刀：修理和更换烙铁头使用。

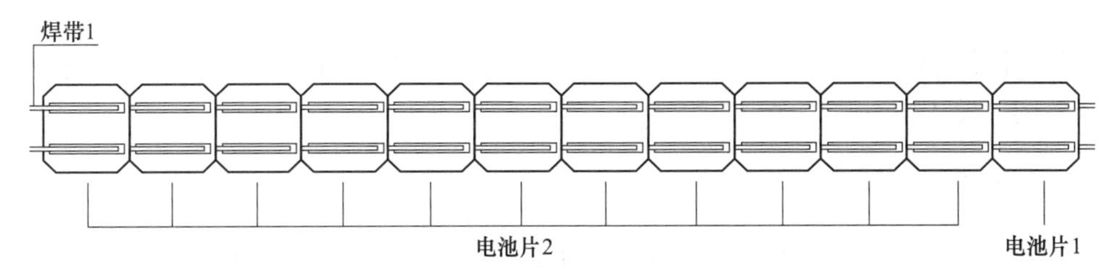

图 4-13　串焊模板示意图

（四）工作准备

（1）穿好工作衣、工作鞋，戴好鞋、帽、口罩、指套。

（2）清洁工作台面、清理无关物品，工具摆放整齐有序。

（3）检查辅助工具是否齐备，有无损坏，如有破损或缺失应及时申领。

（4）电烙铁预热，并用测温仪检测电烙铁实际温度是否正常，当测试温度与实际温度差异较大时要及时修正，并在操作中每 4 h 校正 1 次。

（5）待电烙铁温度达到设定值后，将烙铁头放于清洁海绵上擦拭干净，并在烙铁头上镀上一层锡，放置氧化。

（6）将助焊剂倒入玻璃器皿中，将要使用的焊带在助焊剂中浸润后，用镊子将浸润后的焊带取出放在碟内晾干。

（五）操作步骤

（1）检验单个电池片中芯片无碎，无裂缝、裂纹。

（2）电池片缺角、边上缺块的面积不大于 1 mm^2，每片不超过 2 个。

（3）焊接合格的单个电池片焊锡条焊接平整，无虚焊现象。

（4）将单焊好的电池片的互连条均匀地涂上助焊剂，助焊剂不能碰到电池片上，助焊剂晾干后，放在串焊模板前方指定位置上。

（5）将电池片露出互连条的一端向右，依次在模板上排列好，正极（背面）向上，互连条落在下一片的主栅线内。

（6）将电池片按模板上的定位对正、对齐，检查电池片之间的间距是否均匀且相等，同一间距的上、中、下口的距离相等，成作业喇叭口状态。

（7）用左手指轻压住焊带和电池片，避免相对位移，右手拿烙铁，从左至右用力均匀地沿焊带轻轻压焊。

（8）焊接时烙铁头的起始点应在焊带左边边缘或超出边缘的 0.5 mm 处，焊接中烙铁头的平面应始终紧贴焊带，由左至右快速焊接，要求一次焊接完成。

（9）烙铁和被焊工件呈40°~50°角进行焊接。焊接下一片电池时，还要顾及前面的对正位置，要在一条线上，防止倾斜。确定焊牢后，把电池片向左推，依次如此焊接。

（10）在每串串联电池组的最后一片电池片的主背电极上焊两条焊带。

（11）焊接过程中，要随时检查背电极与正面焊带是否在同一直线上，防止片与片之间焊带错位。

（12）串联焊接数量达到一个完整组件数量后，再经确认无误，将电池串放置在托板或周转盒内，转入下一道工序。

（六）焊中检查

（1）检查电池片背电极与电池正面互连条是否在同一直线，以及电池串的片间距是否准确一致，防止片之间互连条错位。

（2）电池片之间相连的互连条头部可有3 mm距离不焊。

（3）虚焊时，助焊剂不可涂得太多，以免擦拭烦琐。

（4）检查电池串焊接面是否清洁，焊接是否光滑，有无裂纹或隐裂。

（5）检查焊带附近有无多余的助焊剂结晶物，并用酒精清洗。

（七）清洁和转移

（1）串焊后，用酒精擦掉正极主栅线的助焊剂。

（2）接好的电池串，需检查正面，将其放在托板上，再在上面放置一块托板，双手拿好板轻轻翻转，放平即可。

（3）检查完的电池串放到托板上，每块托板只能放一串电池，要求电池串正面向上。

（八）焊后检查

（1）焊接好的电池串，互连条是否落在背电极内，检查电池串的片间距是否准确一致。

（2）检查电池片正面是否有虚焊、漏焊、短路、毛刺、麻面、堆锡等。

（3）检查电池串表面是否清洁，焊接是否光滑、有无隐裂及裂纹、电池片数量（缺一张或多一张）。检查确认合格后流入下道工序。

（九）注意事项

（1）使用时注意不要伤到自己和别人，放置时放在烙铁架上，不允许随意乱放，长时间不用应关闭电源。

（2）应及时检查烙铁头是否有残留的焊锡及其他脏物；可将烙铁头在干净的清洁棉上擦拭，去除残余物。

（3）如发现虚焊、毛刺、麻面，不得在托板上焊接，需放到模板上修复。

（4）焊接时夹取焊带使用金属镊子操作，避免接触到烙铁头而被烫伤。

（5）如发现有正电极与负电极栅线偏移大于等于0.5 mm的片子，则将该电池片调整为首片。

（6）不符合要求的退回上道工序返工，并做好记录。

（7）发现有大批质量问题或单片焊接问题应立即向相关人员报告。

（十）数据记录

操作记录表见表4-2。

表4-2　操作记录表

串联练习序号	不符合指标项	结论
串1		
串2		

存在的问题及改进建议：

电池片焊接操作项目实训评价表见表4-3。

表4-3　焊接操作项目实训评价表

<table>
<tr><th rowspan="2">项目</th><th rowspan="2">指标</th><th rowspan="2">分值</th><th colspan="3">评价方式</th><th rowspan="2">评价标准</th></tr>
<tr><th>自测（评）</th><th>互测（评）</th><th>师测（评）</th></tr>
<tr><td rowspan="5">任务完成情况</td><td></td><td>10</td><td></td><td></td><td></td><td rowspan="5">按照国家标准衡量光伏电池片焊接质量</td></tr>
<tr><td></td><td>10</td><td></td><td></td><td></td></tr>
<tr><td></td><td>10</td><td></td><td></td><td></td></tr>
<tr><td></td><td>10</td><td></td><td></td><td></td></tr>
<tr><td></td><td>10</td><td></td><td></td><td></td></tr>
<tr><td rowspan="3">职业素养</td><td>实训态度和纪律</td><td>20</td><td></td><td></td><td></td><td rowspan="3">1. 按照6 S管理要求规范摆放
2. 按照6 S管理要求保持现场</td></tr>
<tr><td>安全文明生产</td><td>20</td><td>—</td><td>—</td><td></td></tr>
<tr><td>工、量具管理</td><td>10</td><td>—</td><td>—</td><td></td></tr>
<tr><td colspan="2">合计分值</td><td colspan="5"></td></tr>
<tr><td>综合得分</td><td colspan="6"></td></tr>
</table>

思 考 题

（1）简述单焊和串焊工艺。

（2）简述助焊剂的作用。

（3）在焊接过程中如何避免电烙铁被氧化？

（4）如何确定组成组件的电池片相互间是串联还是并联？

（5）焊带含铅量对焊接温度有何影响？

项目五　叠层与层压

叠层与层压是组件制作的关键性工序，将构成组件的各层材料按要求摆放，通过层压的工序，将各层粘接为一体，形成组件的基本结构。

任务一　物 料 性 质

学习目标：

（1）了解组件结构；
（2）了解构成组件各层材料的物理化学性质。

叠层要用到白板玻璃、电池片、EVA、TPT、树脂胶等材料，这些材料的性质对组件寿命有着决定性影响，选择性能符合要求的材料制作组件是保证组件寿命达到25年以上的关键。

一、钢化玻璃

太阳能组件用封装玻璃大致分为超白压花玻璃、超白加工浮法玻璃及透明导电氧化物镀膜（TCO）玻璃三类。

薄膜光伏组件一般使用TCO玻璃作封装板。TCO玻璃由具有TCO涂层（作为TCO电池所发电力的前电极）的超白加工浮法玻璃组成，通过镀膜技术，能使普通太阳能超白玻璃的透光率提高2.5%以上，3.2 mm厚的超白玻璃能达到94%以上。

晶体硅光伏组件使用超白压花玻璃或超白加工浮法玻璃，因为这两种玻璃的含铁量较低，所以晶体硅光伏电池的透光率相较于普通玻璃更高，尤其是压花玻璃，透光率可达91.5%以上，从而提高整个光伏组件的发电效率，用以保护太阳能电池。

现在组件发展趋势从以前的单玻向双玻发展，也就是以前组件的一面用玻璃，另一面用背板，未来两面都将用玻璃，单玻组件和双玻组件如图5-1所示。原因是玻璃的抗腐蚀性、耐磨性、不可降解、阻燃性等优势比背板优异太多，安装后光伏组件的安全性、对电池片的保护强度、使用寿命都会有一定的提升。

（一）钢化玻璃性能要求

组件用钢化玻璃为低铁钢化绒面玻璃（又称为白玻璃），如图5-2所示，一般采用厚度为3.2 mm±0.2 mm，建材型光伏组件有时要用到5～10 mm厚度的钢化玻璃。但无论薄厚钢化性能需符合国标（GB 15763.2—2005）封装后的组件抗冲击性能达到国标（GB/T 9535—1998）地面用硅太阳电池组件环境试验方法中规定的性能指标。

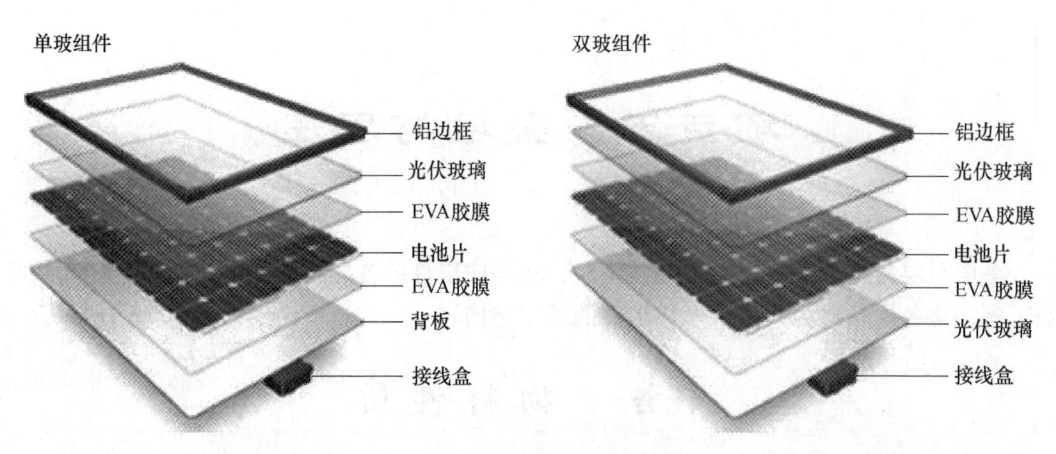

图 5-1　单玻组件与双玻组件

（1）提高组件强度。对光伏组件面板用玻璃进行钢化处理，可以增加玻璃的强度，与普通玻璃相比，钢化玻璃的强度提高 3~4 倍，支撑整个光伏组件可以抵御风沙冰雹的冲击，长期工作不会轻易被破坏，通常厚度为 3.2 mm。光伏行业所使用的钢化玻璃要求含铁量不超过 0.01%。抗风压性能要求大于 2400 Pa（相当于 800 Pa的 12 级飓风所产生风压的 3 倍的安全系数）。

图 5-2　光伏组件用钢化玻璃

（2）耐老化。玻璃在太阳电池光谱响应的波长范围内（320~1100 nm）透光率达 91%以上，对于大于 1200 nm 的红外光有较高的反射率。耐老化方面要求玻璃能承受长时间太阳紫外光线的辐射后透光率不下降。

（3）增加透光率。低铁超白的意思是钢化玻璃的含铁量比普通玻璃要低，透光率比普通玻璃要高。从边缘看过去，钢化玻璃比普通玻璃白（普通玻璃从边缘看是偏绿色的）。绒面的意思是钢化璃在其表面通过物理和化学方法进行减反射处理，使玻璃表面成了绒毛状，减少了阳光的反射，从而增加了光线的入射量。有些钢化玻璃表面涂布一层含纳米材料的薄膜，进一步减少光线的反射，增加透光率。

作为光伏组件用的钢化玻璃一般应具备成本低、性能稳定、高透明度，防水和气体，而且有良好的自清洁功能等特性。除了钢化玻璃以外，还可以用透明有机玻璃及 PC（聚碳酸酯）板作为光伏组件面板，这些材料透光性好、材质轻，可加工成各种形状，但不耐老化、耐温性差、表面易划伤，钢化玻璃以外的光伏组件面板材料目前使用得较少。

（二）钢化玻璃制作工艺

钢化玻璃是一种预应力玻璃，为提高玻璃的强度，通常使用化学或物理的方法，在玻璃表面形成压应力，玻璃承受外力时首先抵消表层应力，增强了玻璃的承载能力、抗风压性、寒暑性和冲击性。

钢化玻璃是将普通退火玻璃先切割成要求尺寸，然后加热到接近软化温度（700 ℃左右），再进行快速均匀的冷却而得到的。玻璃厚度不同，选择加热降温的时间也不同，通常 5~6 mm 厚度的玻璃在 700 ℃高温下加热 240 s，降温 150 s，8~10 mm 的玻璃在 700 ℃高温下加热 500 s，降温 300 s。

钢化处理后玻璃表面形成均匀压应力，而内部则形成张应力使玻璃的抗弯和抗冲击强度得以提高，强度是普通退火玻璃的 4 倍以上，已钢化处理好的钢化玻璃，不能再做任何切割、磨削等加工或受到破损，否则就会因破坏均匀压应力平衡而“粉身碎骨”。钢化玻璃安全性要求当玻璃受外力破坏时，碎片会成类似蜂窝状的钝角碎小颗粒，不易对人体造成严重的伤害。高强度要求同等厚度的钢化玻璃抗冲击强度是普通玻璃的 3~5 倍，抗弯强度是普通玻璃的 3~5 倍。热稳定性要求钢化玻璃具有良好的热稳定性，能承受的温差是普通玻璃的 3 倍，可承受 300 ℃的温差变化。钢化玻璃是一种安全玻璃。

（三）钢化玻璃分类

光伏组件采用的封装玻璃是低铁含量、超白光面或绒面的钢化玻璃，光面玻璃也被称为浮法玻璃，绒面玻璃也被称为压延玻璃。光伏组件面板玻璃安装可采用明框式、隐框式，以及配合幕墙的各种型材安装形式。

（1）按形状，钢化玻璃按形状（外观）分为平面钢化（平钢化）玻璃和曲面（弯钢化）钢化玻璃。一般平面钢化玻璃厚度有 12 种；曲面钢化玻璃厚度有 8 种，具体加工过后的厚度还是要看各厂家的设备和技术。曲面钢化玻璃对每种厚度都有个最大的弧度限制（平常所说的 R 为半径）。钢化玻璃按其平整度分为优等品、合格品。优等品钢化玻璃用于汽车挡风玻璃，合格品用于建筑装饰。

（2）按工艺，钢化玻璃分为物理钢化玻璃和化学钢化玻璃。

1）物理钢化玻璃又称为淬火钢化玻璃，它将普通平板玻璃在加热炉中加热到接近玻璃的软化温度（700 ℃）时，通过自身的形变消除内部应力，然后将玻璃移出加热炉，再用多头喷嘴将高压冷空气吹向玻璃的两面，使其迅速且均匀地冷却至室温，即可制得钢化玻璃。这种玻璃处于内部受拉，外部受压的应力状态，一旦局部发生破损，便会发生应力释放，玻璃被破碎成无数小块，这些小的碎片没有尖锐棱角，不易伤人。

2）化学钢化玻璃是通过改变玻璃表面的化学组成来提高玻璃强度的，一般应用离子交换法进行钢化。其方法是将含有碱金属离子的硅酸盐玻璃，浸入到熔融状态的锂（Li）中，使玻璃表层的 Na^+或 K^+，与 Li^+离子发生交换，表面形成 Li^+离子交换层，由于 Li^+的膨胀系数小于 Na^+、K^+离子，从而在冷却过程中造成外层收缩较小而内层收缩较大，当冷却到常温后，玻璃便同样处于内层受拉，外层受压的状态，其效果类似于物理钢化玻璃。

（3）按钢化度划分，有半钢化玻璃、钢化玻璃和超强钢化玻璃。

（四）使用注意事项

钢化后的玻璃不能再进行切割、加工，所以在钢化前就要将玻璃加工至需要的形状，然后再进行钢化处理。钢化玻璃强度虽然比普通玻璃强，但是钢化玻璃有自爆（自己破裂）的可能性，而普通玻璃不存在自爆的可能性。

钢化玻璃的表面会存在凹凸不平现象（风斑），有轻微的厚度变薄。变薄的原因是因为玻璃在热熔软化后，再经过强风力使其快速冷却，这使玻璃内部晶体间隙变小，压力变大，所以玻璃在钢化后要比在钢化前要薄。一般情况下，4~6 mm 玻璃在钢化后变薄 0. 2~0. 8 mm，8~20 mm 玻璃在钢化后变薄 0. 9~1. 8 mm。

具体程度要根据设备来决定，这也是钢化玻璃不能做镜面的原因。过钢化炉（物理钢化）后的建筑用的平板玻璃，一般都会有变形，这跟设备与工艺有关，它在一定程度上影响了装饰效果。

（五）超白绒面钢化玻璃

光伏组件使用的钢化玻璃是玻璃产品中最高档的品种，有玻璃家族“水晶王子”之称。光伏组件采用低铁超白绒面钢化玻璃。超白玻璃可以像其他浮法玻璃样进行各种深加工，如钢化、弯曲、夹胶、中空装配。超白玻璃是一种超透明、低铁玻璃，具备优质浮法玻璃所具有的一切可加工性能，超白玻璃又称高透明玻璃、无色玻璃或低铁玻璃，透光率高达 92%，而浮法玻璃的透光率达 86%。低铁超白的意思是玻璃含铁量$w(Fe_2O_3)<1.5\times 10^{-6}$远远低于普通玻璃 0. 1%的含铁量。绒面的意思就是在其表面通过物理和化学方法进行减反射处理，使玻璃表面成为绒毛状，还可以利用溶胶凝胶纳米材料和精密涂布技术（如磁控喷溅法、双面浸泡法等技术），在玻璃表面涂含纳米材料的薄膜，这种镀膜玻璃不仅可以使面板玻璃的透光率增加 2%以上，还可以使发电效率提高 1. 5%~3%。

（1）优点。超白玻璃自爆率低，采用高纯度原材料，相对普通玻璃不含各种引爆杂质，从而大大降低了钢化后的自爆率。颜色一致性好，超白玻璃生产过程采用色度分析仪确保了玻璃颜色的一致性。可见光透过率高、通透性好，紫外线透过率低，可有效减缓褪色和老化。超白玻璃的售价是普通玻璃的 4~5 倍，成本仅为普通玻璃的 2~3 倍。

（2）用途。以玻璃产品为基本原件所创造的新的产品正在不断涌现出来，包括大型的玻璃幕墙、中空玻璃、LOW-E 中空玻璃、光伏钢化玻璃。超白玻璃主要应用于光伏组件、电子产品、高档建筑的内外装修、高档轿车玻璃、高档园艺建筑、高档玻璃家具、各种仿水晶制品行业。从全世界销售情况来看，超白玻璃在高档饭店、城市标志性建筑、政府财政工程、大型的高档展览场地等使用。国外，超白玻璃主要应用于高档建筑、高档玻璃加工和电幕墙领域以及高档玻璃家具、装饰用玻璃、仿水晶制品、灯具玻璃、精密电子行业（复印机、扫描仪）、特种建筑等。国内，超白玻璃的应用主要在高档建筑及特种建筑物上，如鸟巢、水立方、中国历史博物馆、国家大剧院、北京植物园、上海歌剧院、上海浦东机场、香港会展中心、南京中国艺术中心都应用了超白玻璃，高档家具和高级装饰灯具也开始大量应用超白玻璃。

（六）钢化玻璃缺陷对光伏组件的影响

钢化玻璃是一种预应力玻璃，内部处于应力平衡状态，任何缺陷都会使之成为应力不均衡点，会造成钢化玻璃的自爆。

（1）玻璃中有结石、杂质：玻璃中有杂质是钢化玻璃的薄弱点，也是应力集中处。特别是结石，处在钢化玻璃张应力区的结石是玻璃炸裂的重要因素。

结石存在于玻璃中，与玻璃体有着不同的膨胀系数。玻璃钢化后，结石周围裂纹区域的应力集中成倍地增加。当结石膨胀系数小于玻璃，结石周围的切向应力处于受拉状态。伴随结石而存在的裂纹扩展极易发生。

（2）玻璃中含有硫化镍结晶物。硫化镍夹杂物一般以结晶的小球体存在，直径在0.1～2 mm，外表呈金属状，这些夹杂物是 Ni_3S_2，Ni_7S_6 和 Ni-xS，其中 $x=0\sim0.07$。只有 Ni-xS 相是造成钢化玻璃自发炸碎的主要原因。

已知理论上的 NiS 在 379 ℃时有一相变过程，从高温状态的 α-NiS 六方晶系转变为低温状态 β-Ni 三方晶系过程中，伴随出现 2.38%的体积膨胀。这一结构在室温时保存下来。如果以后玻璃受热就可能迅速出现 α—β 态转变。如果这些杂物处在钢化玻璃受张应力的内部，则体积膨胀会引起自发炸裂。如果室温时存在 α-NiS，经过数年、数月也会慢慢转变到 β 态，在这一相变过程中体积缓慢增大，未必造成内部破裂。

（3）玻璃表面因加工过程或操作不当造成有划痕、炸口、深爆边等缺陷，易造成应力集中或导致钢化玻璃自爆。

玻璃质量不良对组件性能有影响，极大地降低组件寿命，图 5-3 显示出由于玻璃本身缺陷或外力所致，对组件造成的不良影响。

(a)

(b)

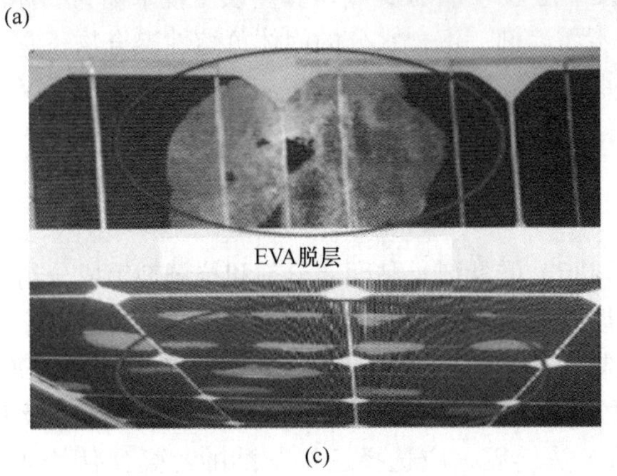

(c)

图 5-3 玻璃存在的问题对组件的影响

（a）玻璃钢化不良导致组件自爆；（b）玻璃划伤导致组件外观不合格；（c）玻璃表面污染导致组件 EVA 脱层

（七）光伏玻璃的贮存条件

光伏玻璃应避光、避潮，平整堆放，用防尘布覆盖玻璃。玻璃的最正确贮存条件：放在恒温、干燥的仓库内，其温度在 25 ℃，相对湿度小于 45%，玻璃要清洁无水汽，不得裸手接触玻璃与 EVA 胶膜接触面，不然会降低 EVA 胶膜和玻璃层间的黏结力。

二、EVA 胶膜

晶体硅光伏组件封粘材料是 EVA，如图 5-4 所示，它是乙烯与醋酸乙烯的共聚物，根据其中醋酸乙烯含量的不同，可以将乙烯与醋酸乙烯共聚物分为 EVA 树脂、EVA 橡胶和 EVA 乳液。醋酸乙烯含量小于 40%的产品为 EVA 树脂；醋酸乙烯含量为 40%～70%的产品称为 EVA 橡胶；醋酸乙烯含量在 70%～95%范围内通常呈乳液状态，称为 EVA 乳液。EVA 乳液外观呈乳白色或微黄色。EVA 材料可制作冰箱导管、煤气管、土建板材、容器、日用品、包装用薄膜、垫片、医用器材、热熔胶黏剂、电缆绝缘层。

光伏组件用热熔胶的醋酸乙烯含量在 28%～33%，EVA 具有良好的柔韧性、耐冲击性、弹性、光学透明性、耐环境应力开裂性、耐腐蚀性以及电性能等。要提升光伏组件发电效率，以及提供对抗环境气候变化所引起的耗损保护，确保光伏模块的使用寿命，其 EVA 胶膜占了很重要的角色，EVA 胶膜在常温下无黏性且具抗黏性，在光伏组件封装过程经过一定条件热压后，EVA 胶膜便产生熔融黏结与胶联固化，属于热固化的热融胶膜，固化后的 EVA 胶膜变得完全透明，有相当高的透光性，固化后的 EVA 能承受大气变化并且具有弹性，将电池片封装起来，与上层面板玻璃及下层 TPT 背板，利用真空层压技术黏为一体。

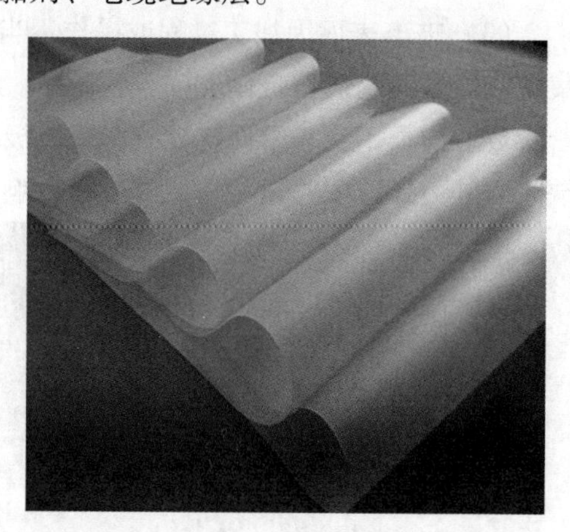

图 5-4　EVA 胶膜

EVA 热熔胶是一种不需溶剂、不含水分的固体可熔性聚合物，它在常温下为固体，加热熔融到一定温度变为能流动，且有一定黏性的液体。熔融后的 EVA 热熔胶呈浅棕色或白色（加入钛白粉）。

（一）组成成分

EVA 热熔胶由基本树脂、增黏剂、黏度调节剂和抗氧剂等成分组成。

（1）基本树脂。热熔胶的基本树脂是乙烯和醋酸乙烯在高温高压下共聚而成的，即 EVA 树脂。这种树脂是制作热熔胶的主要成分，占其配料数量的 50%以上。基本树脂的比例、质量决定了热熔胶的基本性能，如胶的黏结能力、熔融温度及其助剂的选择。因此装订所用黏结纸张的 EVA 热熔胶，应选择乙烯与醋酸乙烯比例恰当，具有一定柔软性、弹性、黏着力、变形小的品种。

（2）增黏剂。增黏剂是 EVA 热熔胶的主要助剂之一。如果仅靠用基本树脂熔融时在一定温度下具有的黏结力，当温度下降后，就难以对纸张进行润湿和渗透，失去黏结能力，无法达到黏结效果；加入增黏剂就可以提高胶体的流动性和对被粘物的润湿性，改善黏结性能，达到所需的黏结强度。

（3）黏度调节剂。黏度调节剂也是热熔胶的主要助剂之一。其作用是增加胶体的流动性、调节凝固速度，以达到快速黏结牢固的目的，否则热熔胶黏度过大、无法或不易流动，难以渗透到材料中去，就不能将其黏结牢固。加入软化点低的黏度调节剂，就可以达到黏结时渗透好、粘得牢的目的。

（4）抗氧剂。加入适量的抗氧剂是为了防止 EVA 热熔胶的过早老化。因为胶体在熔融时温度偏高会氧化分解，加入抗氧剂可以保证在高温条件下，黏结性能不发生变化。

除以上几种原料外还可根据气温、地区的差别配上一些适合冷带气温的抗寒剂或适合热带气温的抗热剂。

（二）EVA 胶膜生产

在太阳电池 EVA 胶膜生产过程中要求环境干净，使胶膜具有较高的透光率，严格控制工艺条件，使制得胶膜平整、不卷曲，厚度均匀，在制造过程中物料虽然需要加热熔融，但胶膜不可产生交联，否则，在与太阳电池封装时影响胶层的流平性及黏接性。黏接性是胶膜的属性，但在制造过程中却不能对设备显示出黏性，成膜收卷后表面不能发黏，否则难以发卷与使用操作。

（1）混料。混料工艺是生产太阳电池 EVA 胶膜中最重要工艺，混料质量直接影响 EVA 化学性能（如交联度、剥离度、抗老化性等）。混料必须做到计量正确、原料与助剂充分混合均匀且助剂完全被原料吸收。为了保证混料质量，混料工艺必须做到以下几点：

1）计量前要先仔细检查各种原料及辅料的标签、标志。

2）计量设备是否有异常、是否能正常归零。

3）称量要认真仔细、准确，必须要进行二次校对。

4）投料前检查混料筒出料口阀门是否关闭。

5）先投 EVA 纯料，后从滴液管分别加入各种助剂，每种助剂要经过移交接收签名，确保助剂全部加入，不漏加或多加。

6）加完助剂后搅拌 10~30 min，配料搅好后放在带盖不锈钢桶内密闭存放。

7）严禁在搅拌过程中加 EVA 料，或者将手伸入混合器内。

8）保持现场整洁，谨防脏物混入物料中，特别要防止硬质物体混入物料中。

9）混料现场严禁烟火，以免发生易燃易爆事故。

（2）制模。下面是生产太阳电池 EVA 胶膜挤出操作步骤和应注意的挤出机的操作要点。

1）现场环境卫生检查（必须保证环境卫生清洁）。

2）设备检查：检查设备中水、电、气各系统是否正常，保证水、气路畅通、不漏，电器系统是否正常，加热系统、温度控制、各种仪表是否工作可靠；辅机空车低速试运转，观察设备是否运转正常；如发现故障及时排除。擦机器设备。

3）纯原料、配料、包装物等准备。

4）开总电源前，先检查主电机调速电位器是否关至最小（逆时转到底）。

5）挤出机、膜头温度控制。

6）将挤出机、膜头温度升至设定温度，然后保温 1~1.5 h。

7）在保温之后即可开车，开车前应将机头和挤出机法兰螺栓再拧紧一次，以消除螺栓与机头热膨胀的差异，紧机头螺栓的顺序是对角拧紧，用力要均匀。紧机头法兰螺母时，要求四周松紧一致，否则要跑料。先开挤出机进料口、螺杆冷却水和滚筒冷却水。

8）吸料机把 EVA 混料吸入挤出机料斗。

9）启动挤出机，加少量物料，逐步提高转速至规定的工艺要求。

10）膜挤出前，启动各辊筒无级变速器，调节转速。

11）调节胶膜的厚度和宽度。

12）胶膜达到质量要求时，开始收卷。

（3）包装。太阳电池 EVA 胶膜由 EVA 原料与助剂组成，EVA 原料易吸水，助剂易挥发。为了防止 EVA 胶膜吸水，助剂挥发。保证 EVA 胶膜各项技术参数和保质期包装时应做到以下几点：

1）包装前工作人员必须戴手套，防止手汗进入 EVA 胶膜。

2）卷好 EVA 胶膜后先用缠绕膜缠绕 EVA 胶膜，缠绕时要均匀，处理好两头缠绕膜，使 EVA 胶膜不露在空气中。

3）缠绕好 EVA 胶膜装入黑色塑料袋内，封好袋口，贴上合格证装入纸箱内。

（三）EVA 胶膜特性

（1）在室温下通常为固体，加热到一定程度时熔融为液体，一旦冷却到熔点以下，又迅速成为固体（即又固化）。

（2）具有固化快、公害低、黏着力强，胶层既有一定柔性、硬度、又有一定的韧性。

（3）胶液涂抹在被粘物上冷却固化后的胶层，还可以再加热熔融，重新变为胶黏体再与被粘物黏结，具有一定的再黏性。

（4）使用时，只要将热熔胶加热熔融成所需的液态，并涂抹在被粘物体上，经压合后在几秒钟内就可完成黏结固化，几分钟内就可达到硬化冷却干燥的程度。

（四）质量要求及来料检验

（1）外观检验。EVA 胶膜的检验要求包装目视良好，确认厂家、规格型号以及保质期。目视外观，确认 EVA 胶膜表面无黑点、污点，无褶皱、空洞等现象。根据供方提供的几何尺寸测量宽度，误差为±2 mm，厚度误差为±0.02 mm。厚度均匀性检测时，取相同尺寸的 10 张胶膜称重，然后对比每张胶膜的重量，最大值与最小值之间不得超过 1.5%。

（2）透光率检验。EVA 胶膜透光率检验仪器如下所示。

1）分光光度计，可以测量波长范围为 200~1000 nm。

2）热封仪，可加热到 200 ℃。

3）玻璃载片。

EVA 胶膜检验试样制取时，先取两块表面光洁透明的玻璃载片，裁取与玻璃载片尺寸基本一致的 EVA 胶膜，将之平整放在两块玻璃载片中间。再用铝箔将载片包裹好，表面放置 3 cm×10 cm 的压块。热封仪设置温度为 140 ℃，压力为 0.06 MPa，将样片放置在热封头，按照试验模式热封 15 min。固化完成后取下样品，除去铝箔纸，让试样自然冷却后，使用酒精对载片表面进行清洁处理作为测试样品。同批产品测试制取 3 个试样。EVA 胶膜透光率检测时，先开启分光光度计，选取光谱测试，波长范围选择 280～385 nm 和 385～800 nm，进行基线校正。将试样沿入射光方向放置样品仓中，在 280～385 nm 波长范围内测其紫外光透过率，在 385～800 mm 波长范围内测其可见光透过率。记录 340 nm 和 315 nm 处的紫外光透过率，并记录 280～385 nm 处的紫外光透过率和 385～80 nm 处的可见光透过率。结果计算时，取 3 个试样紫外光透过率和可见光透过率的平均值为平均透过率。

（3）交联度检验。

1）仪器装置及器具。500～1000 mL 磨口圆底烧瓶；回流冷凝管；配温度控制仪的电加热套或电加热油浴；真空烘箱；用 0.125 mm（120 目）不锈钢丝网，剪取 80 mm×40 mm，对折成 40 mm 正方形，两侧对折进 6 mm 后固定，制成顶端开口的袋。

2）试剂：A. R 级二甲苯。

3）试样制备。取胶膜一块，将 TPT、胶膜、胶膜、玻璃叠合后，按平时一次固化工艺固化交联（或者按厂家工艺要求固化交联），将已交联好的胶膜剪成小碎片待用。

4）检验步骤。

① 将不锈钢丝网袋洗净，烘干，称重为 W_1（精确到 0.01 g）。

② 取试样 0.5 g±0.01 g，放入不锈钢丝网袋中，称重为 W_2（精确到 0.01 g）。

③ 封住袋口制作成试样包，称重为 W_3（精确到 0.01 g）。

④ 试样包用细铁丝悬吊在回流冷凝管下的烧瓶中，烧瓶内加入 1/2 二甲苯溶剂，加热到 140 ℃左右，溶剂沸腾回流 5～6 h 时，回流速度保持 20～40 滴/min。

⑤ 冷却取出试样包，悬挂除去溶剂液滴，然后放入真空烘箱内，温度控制在 140 ℃，真空度为 0.08 MPa，干燥 3 h，完全除去溶剂。

⑥ 将试样包从真空烘箱中取出，放置干燥器中冷却 20 min 后，取出称重为 W_4（精确到 0.01 g）。

⑦ 结果计算：

$$C=[1-(W_3-W_4)/(W_2-W_1)]\times 100\%$$

式中　C——交联度,%；

W_1——空袋质量，g；

W_2——装有试样的袋质量，g；

W_3——试样包质量，g；

W_4——经溶剂萃取和干燥后的试样包质量，g。

结果分析，EVA 交联度应不低于 70%。

（4）剥离强度检验。两块被黏材料用 EVA 胶膜制备成胶接试样，然后将胶接试样以规定的速率从胶接的开口处剥开，两块被黏物沿着被黏面长度的方向逐渐分离。采用的设备是拉力试验机，试样的破坏负荷应处于满标负荷的 10%～80%。

取 300 mm×300 mm×3.2 mm 低铁钢化玻璃 1 块、300 mm×300 mm 的 EVA 胶膜 2 块和 310 mm×310 mm 背板材料 1 块，制作玻璃/EVA 胶膜复合材料和背板/EVA 胶膜复合材料试样各 1 份。冷却后使用壁纸刀制取宽度为 15 mm，长度为 300 mm 的长条试样，两类试样各制取 5 个测试样品，要求必须划透背板和 EVA 胶膜。EVA 胶膜黏结强度测试时，先将背板材料与 EVA 胶膜复合后的试样，于二者的交接开口处进行预剥离，未胶接的一端弯曲 180°，将试样的两端分别夹紧在固定的夹头上。注意使夹头间试样准确定位，以保证所施加的拉力均匀地分布在试样的宽度上。设定拉伸速度为（100±10）mm/min，开动机器，使上、下夹头以恒定的速率分离，直到至少有 50 mm 的胶接长度被剥离。注意胶接破坏的类型，即黏附破坏或被黏物破坏。结果处理时，对于每个试样，剥离力以 N 为单位。计算剥离力的剥离长度最少要 50 mm，不包括最初的 25 mm。取曲线波动稳定时的平均值为剥离力 F。剥离强度为 F/B，单位为 N/cm，F 是剥离力（单位为 N），B 是试样宽度（单位为 cm）。EVA 胶膜与玻璃的剥离强度测试可参照此试验进行。

（5）耐紫外光老化检验。取 300 mm×300 mm×3.2 mm 低铁玻璃 1 块、300 mm×300 mm的 EVA 胶膜 2 块和 310 mm×310 mm 的背板 1 块，按要求叠加后放入层压机，层压机温度设置为 145 ℃，压力为-0.03 MIPa，抽真空 5 min，加压 11 min 后取出，让试样自然冷却后，切除边部溢料后备用。

1）湿热老化。EVA 湿热老化检验设备是湿热老化试验箱，温度范围为 0~100 ℃，湿度范围为 30%~98%；测试条件是温度为（85±2）℃，湿度为 85%±2%。EVA 湿热老化测试时，在试验前先将湿热老化试验箱设定在选定的测试条件下，并稳定运行 30 min 将试样水平放置在湿热老化箱中，每隔 24 h 通过观察窗观察一次样品，看其是否变色，并记录。如在 1000 h 内变色，记录变色时间并停止试验；如不变色，将样片放置直至 1000 h 后停止试验。EVA 湿热老化结果处理分外观和黏结强度两项。外观指试验后的 3 个试样主要观察其是否有过度异常，包括是否膨胀、变色和出现气泡。黏结强度是使用裁纸刀切取宽度为 10 mm 的 5 个试样，要求必须划透背板和 EVA 胶膜。

2）紫外老化 EVA 胶膜。紫外老化检验设备是紫外老化试验箱，温度范围为 0~100 ℃。EVA 胶膜紫外老化测试时，在试验前先空机运行 30 min，检查灯管及加热是否正常。通过灯管的控制，调整 UVA 灯和 UVB 灯的辐照度比例为 2∶1，并分别设置 UVA 的总辐照量为 10 kW·h/m^2，UVB 的总辐照量为 5 kW·h/m^2，工作温度为 60 ℃。将试样水平放置在紫外老化试验箱中，每日记录 UVA 和 UVB 的总辐照量，直至试验结束。

三、背板

背板是保护光伏组件在户外使用 25 年以上的关键封装材料，其主要功能为在户外环境下保护太阳能电池组件抵抗光、湿、热等环境影响因素对电池片等材料的侵蚀，起到绝缘、耐候、保护、支撑等作用。

（一）背板结构

光伏组件背板作为直接与外界自然环境大面积接触的封装材料，其性能的优劣直接决定了光伏组件的性能和使用寿命，背板原材料大多采用绝缘性良好的 PET 基膜和阻隔性、耐候性优良的含氟材料，其中 PET 基膜主要提供绝缘性能和力学性能，但耐候性能较差，需要含氟材料的附加以提供耐候、耐划、耐腐蚀等性能。光伏组件封装用最常见的背板 TPT 如图 5-5 所示。光伏背板的结构一般分为五层，核心有三层。

（1）外层保护层（即耐候层）：为了良好的耐候性，一般要求外层材料含氟，PVF 和

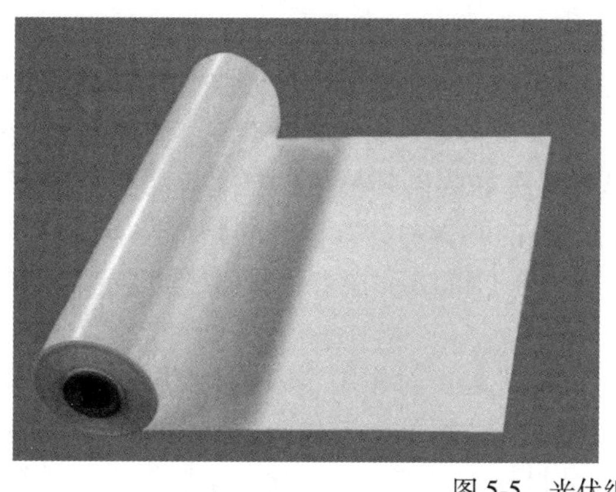

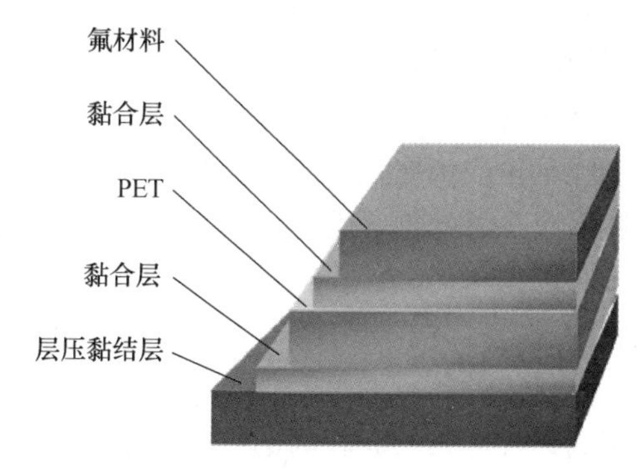

图 5-5　光伏组件用背板

PVDF 是众所周知的两种耐候性高分子材料，因其内部存在的 C—F 键键能是 485 kJ/mol，是有机化合物共价键中键能最大的。只有波长小于 220 nm 的光子才能解离 C—F 键，而阳光中这部分光子只占不到 5%，而且容易被臭氧层吸收，能到达地面的极少。也有厂家使用 THV 及 ETFE、ECTFE。涂膜结构的 PTFE 也很常见。

（2）中间层：起支撑作用，要求能耐高低温，性能要稳定，电绝缘性优良，抗蠕动性、耐疲劳性、耐摩擦性、尺寸稳定性都要好，气体和蒸汽渗透率要低。一般用改性 PET 材料。

（3）层压黏结层：未经改性的含氟薄膜及 PET，与 EVA 黏结牢度差，所以需要使用改性的含氟材料或黏结性强的 EVA、PE、PA 膜。

（二）背板分类

按背板的膜分类，可分为三种。一种为涂胶复合式背板膜，在 PET 聚酯薄膜两面复合氟膜或者 EVA 胶膜，三层结构。一种为涂覆背板膜，在 PET 聚酯薄膜两面涂覆氟树脂，经干燥固化成膜。还有少数厂家采用交联反应法，在 PET 两面通过交联剂反应制作复合膜或 EVA 膜。

按材料不同分类，背板可分为 FPF(以 TPT 为代表)、KPK、FPE(以 TPE 为代表)、KPE 及多层 PET 背板、TAPE(T 层和 P 层之间加入铝层)、TFB(PVF/PET/含氟黏结层)、KFB(PVDF/PET/含氟黏结层)、BBF(THV/PET/EVA)、FFC(PET 双面涂改良 PTFE)、KPC(PVDF/特殊处理 PET)、KPF(结构是 PVDF/PET/氟皮膜)、PPC(特殊处理 PET/耐候 PET）等。

（三）特性

PET 提供力学性能和绝缘性能，氧材料提供阻隔性和耐候性。PET 聚酯薄膜不易伸缩，具有良好的耐高温性和极好的电绝缘性能，是 TPT 背板的重要成分材料，厚度一般为 250 μm，具有水蒸气阻隔性（低的水汽渗透率）、电气绝缘性、尺寸稳定性、耐湿热老化性、耐候性及阻燃性，易加工性及耐撕裂性（机械性）。含氟薄膜层（聚氟乙烯薄膜，PVF）是用作光伏电池封装材料的主要层，其作用就是耐气候、抗紫外、耐老化、不感光，结构性能稳定，具有良好的抗紫外线、抗湿热和耐老化性能。

光伏组件背板膜具有氟塑料优质的耐老化、耐腐蚀、高阻隔、低吸水等性能和聚酯优异的力学性能，能有效地防止介质，尤其是水、氧、腐蚀性气液体（如酸雨）等对 EVA 胶膜的侵蚀和对光伏组件的损伤，EVA 胶膜的弹性和 ITPT 背板膜的坚韧性结合使光伏组件具有较强的抗震性能，综合防护作用明显。TPT 材料颜色有白色、黑色。TPT 聚氟乙烯复合膜至少应该有三层结构：外层保护层 PVF 具有好的抗环境侵蚀能力，中间层为聚酯薄膜具有良好的绝缘性能，内层 PVF 需经表面处理和 EVA 具有良好的黏结性能。封装用背板必须保持清洁，不得沾污或受潮，特别是内层不得用手指直接接触，以免影响 EVA 胶膜的黏结强度。

光伏组件的背面覆盖物是白色氟塑料膜，对阳光起反射作用，因此光伏组件的效率略有提高，并因其具有较高的红外发射率，还可降低光伏组件的工作温度，也有利于提高光伏组件的效率。氟塑料膜首先具有光伏电池封装材料所要求的耐老化、耐腐蚀、不透气等基本要求。背板厂家使用 PVF 复合膜比使用氟涂料涂布形成的背板多。

PVDF 树脂是一种与 PVF 结构相近的树脂产品，其含氟量为 59%，远大于 PVF 的 41%，具有高耐磨性、强耐沾污性、高阻隔性、高纯度、易于加工成形等特性。PVF 得益于先入为主的优势，市场用量占据较大优势，但 PVDF 以及其他材料的使用也在增加。

（四）TPT 背板性能

（1）水蒸气透过率检查。TPT 结构，一种是覆膜的，一种是涂布的，还有的是 TPE 的，以及多层 PET 的背板。多层 PET 复合背板，就是外面是抗老化的 PET，中间是绝缘和阻隔的 PET，与 EVA 接触面是胶或者其他的材料。这种结构的材料好做，多层共挤即可，技术和工艺都成熟，但是一个最大的问题是使用年限一般不会超过 10 年，再好的改性 PET（经过改良工艺，增强 PET 原有的一些特性）也不能在室外这么强的光照和恶劣条件下使用超过 10 年。水蒸气透过率太低会对电池片有影响，F 层的功能主要是耐候，PET 对水汽的阻隔性远高于 F 材料。TPT 的实践证明，2 g 左右的水汽透过量足以满足 25 年的使用要求。

（2）绝缘性能。背板厂家采用局部放电测试绝缘性能，背板的绝缘性能主要是取决于 PET，而 PET 本身有良好的绝缘性能。局部放电测试对光伏组件厂家并不必耗费过多财力与物力，实际上 30 min 便可测试完毕。

（3）收缩率。收缩率也是一个重要指标，主要是看背板在层压过程中的收缩情况，测试标准是在 150 ℃下保温 30 min，看纵向和横向的收缩情况，收缩率一般都在 1.0 以下。这个指标主要取决于 PET，当然 F 层也要和 PET 的收缩率匹配，否则也会造成分层现象。

（4）与 EVA 胶膜黏结强度。F 材料本身表面张力很低，与其他材料基本都不黏结，所以对 F 层的表面处理很重要，一般是电晕或者离子表面处理，或在 F 材料中直接处理。表面处理原则是不能丧失 F 材料的本身特性，如果处理影响到 F 材料的本身特性，可能使其变成热塑性弹性体（TPE）。

（五）背板结构分析

背板主要的作用是保护硅晶片，所以背板需要具有一定的特性，如水蒸气透过率、绝缘性能和收缩率。一般来说，就是背板自身各成分间的黏结强度与 EVA 胶膜的黏结强度。背板的基本组成是 F 材料（T 层）和 PET，PET 提供力学性能和绝缘性能，F 材料提供阻隔性和耐候性。目前的两种加工方式为：涂布和覆膜，各有优缺点，涂布相对覆膜来说成本和工艺都比较简单点，两者都是成熟工艺，要做出好产品关键是表面的F材料。背板的主要特性还是靠F材料来体现的，一般来说，无论是覆膜还是涂布，只要加工得当，F元素含量足够背板的耐候性和阻隔性都不是问题。

（六）产品比较

（1）PVF。PVF学名为聚氟乙烯，是由氟和氟碳分子的共聚体挤压而成的共聚物。PVF薄膜表面较易出现针孔，且薄膜的水汽阻隔能力也较差。另外，PVF材料本身含氟量低，PVF薄膜需要有足够的厚度来保证其性能。

（2）PVDF。PVDF学名为聚偏氟乙烯，是目前含氟材料中产量排名第二的大产品。PVDF的密度是PVF的1.3~1.4倍，分子结构上多一个F，所以比PVF耐候性、阻隔性更好，但是PVDF成型困难，需要加20%~30%的亚克力增塑剂（如PMMA等丙烯酸类材料），容易造成局部老化，横向断裂伸长率低，且热老化和湿热老化后进一步下降变脆，长期户外应力老化下有开裂风险。

（3）PET。PET即聚对苯二甲酸乙二醇酯，又称聚酯薄膜，是乳白色或浅黄色高度结晶的聚合物。长期使用温度可达120 ℃，短期使用可耐150 ℃高温，可耐-70 ℃低温。但是在高温高湿环境中容易水解，在紫外光下容易发生光降解反应。

（4）PE。PE即聚乙烯，由乙烯聚合而成，是应用广泛的高分子材料。化学稳定性好，吸水性小，电绝缘性能优良。

（5）EVA。EVA即乙烯-醋酸乙烯共聚物，它的化学稳定性好，吸水性小，高透明，与各种界面均有高黏着力，熔点低、易流动，适用于各种玻璃的夹胶工艺。

（6）PA。聚酰胺即尼龙，具有良好的综合性能，包括力学性能、耐热性、耐磨损性、耐化学药品性和自润滑性，且摩擦系数低，有一定的阻燃性，易于加工，适于用玻璃纤维和其他填料填充增强改性，提高性能和扩大应用范围。

（7）THV（四氟乙烯-六氟丙烯-偏氟乙烯共聚物）。THV是目前市场中最柔软的氟塑料，当和其他材料复合成多层结构时，柔韧性非常突出。THV的另一个重要特点是本身容易黏结，无须表面处理就能与其他材料黏结，背板的复合制作工艺和用硅胶粘贴接线盒都十分简便，特别适用于对背板要求柔软的场合。

（8）ETFE（乙烯-四氟乙烯共聚物）。ETFE薄膜具有良好的耐候性和化学稳定性，不过市场用量并不多。

（9）ECTFE（乙烯-三氟氯乙烯共聚物）。ECTFE是乙烯和三氟氯乙烯1∶1的交替共聚物，具有典型的氟塑料的耐化学腐蚀性能，没有一种溶剂在120 ℃下能侵蚀ECTFE或使其应力开裂，而且具有很高的耐候性和阻隔性。

（10）PCTFE（三氟氯乙烯树脂）、PTFE（聚四氟乙烯）、FEVE（氟乙烯与乙烯基醚共聚物）。采用PCTFE、PTFE、FEVE材料的背板多采用涂覆法制备。背板采用氟碳涂料涂布到PET薄膜上，替代氟塑料薄膜，具有较好的经济性及较短的生产周期。

（七）TPT背板材料

TPT（含TPE）复合膜是光伏组件的结构性封装材料，用于衬底作保护之用。TPT复合膜集合了“塑料王”氟塑料优质的耐老化、耐腐蚀、耐溶剂、耐污疏水等性能和聚酯优异的力学性能、阻隔性能和低吸水性，有效地防止了介质尤其是水、氧、腐蚀性气液体（如酸雨）等对 EVA 胶膜的侵蚀和对光伏电池片的影响。TPT 复合膜是光伏组件封装最为理想的保护性结构材料，国内外光伏组件生产企业基本上采用 TPT 复合膜作光伏组件的衬底材料。此外，聚酯薄膜、GPE 背板也有应用。

TPT 由三层组成，即 PTFE（聚四氟乙烯）+PET+PFE（聚四氟乙烯），能与空气隔绝，有极好的抗氧化、抗湿热能力和抗紫外线能力，具有良好的电绝缘性能，极好的耐污疏水性，和 EVA 的完美结合性，更好的耐候抗老化性能，尺寸和颜色可以选择。

（八）背板常见问题及分析

每年的太阳能光伏电站的装机量每年在增加，人们对于太阳能组件的认识也慢慢地开始全面起来。太阳能组件一般需要投放在自然环境中，历经风吹雨打各种环境，背板要对各种环境有一定的防御能力。

目前市场中出现的背板的种类比较多，但是前提是必须具有可靠的绝缘性、阻水性、耐老化性。

（1）黄变。在太阳能光伏组件层压过程中，使用两层胶膜对太阳能电池进行黏结，使得太阳能电池与玻璃和背板合为一体。两层胶膜一般会有一层需要将短波紫外线进行截获。而背板本身对紫外光 300~380 nm 的耐紫外强度有一定抵抗能力，但是部分背板在紫外光的照射下还是会发生黄变，导致背板层的分子组成部分被破坏，背板的整体性能下降，同时背板的反射率降低，影响组件的整体输出。含氟材料在没有经过其他处理时，本身有耐紫外的能力。如果两层胶膜均没有将短波紫外线进行截获，紫外线会直接导致位于底层的背板变黄。

黄变的影响：首先会使组件的外观很不美观，另外黄变后的背板会减少对太阳光的反射，进而会影响太阳能电池对太阳光的吸收效果，最终降低组件的功率输出。

（2）背板鼓包。电池片存在热斑的位置以及隐形胶带位置都容易出现背板鼓包，尤其在两个位置出现重叠的情况下更加容易出现背板鼓包，主要是温度高导致材料气化。组件在应用过程中，电池片本身吸收的太阳光会有一部分转变成热能，造成组件内部温度升高，EVA 内的紫外吸收剂将吸收的紫外光转换成一部分热能，散发到组件内部。一般来讲正常组件的工作温度在 70~80 ℃，根据测试数据证明，温度升高会对组件的功率输出造成影响，组件本身的温度每升高 1 ℃，组件的输出功率会相应地减少约 1 W，因此在背板材料在选型过程中应考虑背板材料的热传导系数。热传导系数和背板本身的基材和成分组成有关，热量主要靠介质传导。

采取措施：在电池片投入时，保证投入电池片都是合格的，在标准内的电池片，焊接过程中要避免出现开焊、虚焊等情况，敷设时要按照图纸粘贴隐形胶带。

（3）背板条下气泡。产生原因：背板条造成汇流带之间存在较大梯度，敷设员工没有将 EVA 条放到位，造成 EVA 没有很好地进行填充。

造成影响：在组件后期使用过程中，气泡会逐渐扩大以及气泡周围的材料会氧化变质，大大地影响组件的使用寿命。

（4）背板划伤。产生原因：原材料本身所自带的问题，在原材料检验过程中没有被发现，直接进入生产车间；敷设后的层压件在传输线上运输时，传输线上尖锐物品对背板造成划口；修边人员在修边过程中对背板造成的伤害。

造成影响：背板在组件主要作用是防潮湿、防尘土、绝缘。背板划伤的组件的防潮性大大降低，这样会加速组件的氧化，其防绝缘性能会降低组件的安全性能。增大背板的透水率，进入组件内部的水汽更多，将直接导致内部电路被腐蚀，长久使用，组件将丧失发电性能，内部电路也会因氧化严重而被破坏，组件寿命就此终止。

预防措施：加强检验力度，及时发现原材料本身所带的背板划伤和背板缺陷；每班开始正常运行之前，检查传输线上是不是存有尖锐的物品；组件层压件在传输线进行运输时，避免磕碰背板。

（5）与 EVA 黏结层的缺陷。造成影响：与 EVA 剥离强度不够，使用万能拉力机测量的黏接力小于 40 N/cm。

预防措施：背板在使用之前使用电晕处理，增加背板表面的附着力脱层，同时可以减少背板表面灰尘沉积。

任务二　叠层与层压操作

学习目标：

（1）掌握叠层方法；
（2）会操作层压机。

串接好且检测合格的电池串用汇流条按设计好的电路进行连接，将白板玻璃、EVA、TPT、电池片按照特定顺序铺设好，没有错位，没有杂质，此为叠层，之后放进一定温度、抽真空后的层压机进行层压形成一体的组件。叠层和层压是将构成组件的各层黏结在一起成为整体的生产工艺，是光伏组件成型的关键工艺。

一、叠层

经汇流条连接的电池串、玻璃、EVA、TPT 依照图 5-6 依次放置，通过检测台、铺设台两台辅助设备的检测，确保组件内部无异物、无移位，电池片无裂纹，组件电压和电流符合设计值，叠层操作完成。检测台、铺设台如图 5-7、图 5-8 所示。

（一）叠层工艺操作

（1）清洗封装玻璃。选择表面无划痕、缺角、气泡等缺陷的玻璃，光滑面向下、网纹面向上放置玻璃，用无纺布蘸无水乙醇对玻璃的铺设面（带有网纹的一面）进行擦拭，之后晾干备用。

（2）裁剪 EVA 和 TPT 背板。

1）选择无明显折痕、无开裂、无孔洞、无污染的 EVA 和 TPT 背板。

2）测量玻璃的长和宽，通常 EVA 和 TPT 的裁剪尺寸要比玻璃的长度和宽度大 10~15 mm，裁剪后得到的 EVA 和 TPT 边缘要光滑、平直。

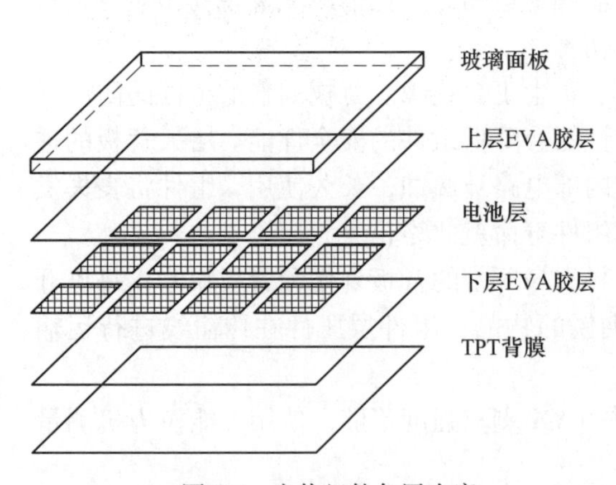

图 5-6　光伏组件各层次序

图 5-7　检测台

3）注意 EVA 裁剪尺寸过小，会导致 EVA 填充不满，封装不严密，EVA 尺寸过大会增加层压后组件和层压机的清理难度，同时浪费原料；TPT 背板太小，密封不严，起不到好的绝缘和保护作用，TPT 背板太大，浪费原料。

4）工作场地要保持清洁，安全使用裁剪工具，工具用完后及时归位。

（3）在铺设台放置一块清洗好的玻璃，网纹绒面朝上，玻璃表面无异物，玻璃无破损、崩边、划伤、气泡。

图 5-8　铺设台

（4）在玻璃上平铺一块裁剪好的 EVA，横竖与玻璃平行，四边各超出玻璃 5 mm 左右（如图 5-9 所示），EVA 表面无污染、无杂物。

（5）双人操作将焊接好的电池串缓慢平放在铺设台上，打开工作灯，检查电池串是否有裂片、隐裂、虚焊，如发现问题，需要返修；如有异物，需要清除。

（6）将已串联的电池片减反射膜面朝下，整齐排布于 EVA 的表面，电池串之间距离均匀，串与串之间距离 1~2 mm，每串内部片与片间距为（2±0.5）mm，电池串与玻璃长边的距离之差为 0~4 mm，与短边距离边缘之差为 0~6 mm。

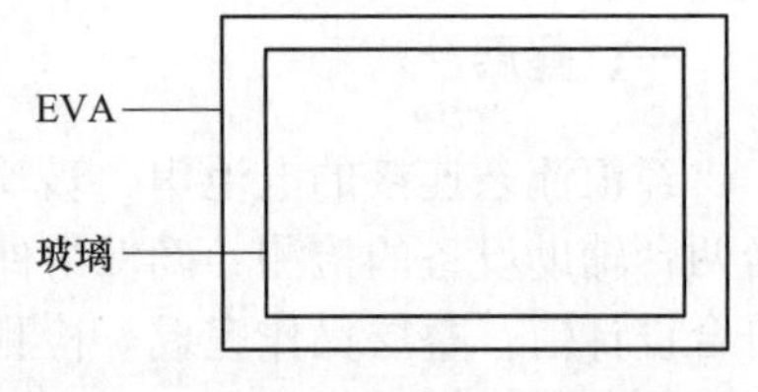

图 5-9　EVA 在玻璃板上的位置图

（7）焊接汇流条。电池串之间用汇流条连接，焊接完中间的汇流条，按图纸要求在电池的引出汇流条之间铺设小块 EVA 和 TPT，二者与玻璃平行，再焊接两侧的汇流条，汇流条的位置及间距要符合设计图纸的要求，汇流条用高温胶带固定，高温胶带不能超过绝缘条边缘，汇流条的焊接如图 5-10 所示。

汇流条与电池片之间的距离大于等于 1 mm，距离玻璃边缘大于等于 15 mm；焊带（互连条）距离玻璃边缘大于等于10 mm，距离边框内侧大于等于 3.5 mm；传统电池片间距 1~2 mm，高密度组件电池片间距小于 0.5 mm；电池串间距 1~2 mm；两边电池片距离边框之差小于等于 6 mm；电池串相邻错位小于等于 2 mm。

在组件准备出引线的部位焊上正、负引出线汇流条，引出线的间距为 45～50 mm，长度为 50～60 mm，出线口与最近玻璃边缘的距离根据接线盒尺寸及铝边框高度而定。焊引出线之前垫上高温布，焊完后把所有多余的涂锡带修整干净。

图 5-10　焊接汇流条

焊接完成的电池片无碎片、无裂纹、无裂缝，电池片缺角面积不大于 1 mm^2，每片不超过 2 个，串接平整，间距均匀，无虚焊漏焊，正反面无污染，无焊锡堆积。

（8）在拼接好的电池串上放第二层 EVA 胶膜，EVA 胶膜与玻璃四个边缘位置均匀，按照图纸设计，在 EVA 引出线位置剪开一条小缝，把引出汇流条抽到 EVA 上。

（9）在 EVA 上铺放 TPT 背板，无光泽面朝下，有光泽面朝上，TPT 铺设时上下左右距玻璃边缘位置要均匀，按图纸要求在 TPT 背板上出引线的位置开一条小缝，引出汇流条从背板工艺缝中穿出。

（10）将铺设好的组件放置在铺设台上，正负极引线分别与铺设台的正负极连接，打开光源，通过切换电压、电流转换开关，显示光伏组件的电压和电流值，根据电压电流测试数据判断组件是否良好。此时需要注意，光源温度很高而 EVA 预热会软化，所以测试停留时间不易长，同时由于没有层压，测试结果不是真正组件输出数据，只是一个参考值，数值在允许范围内，可视为合格。

（11）将叠层好的光伏组件放在检测台上，检查组件有无异物，电池片有无缺角、隐裂，电池串排列是否整齐、有无位移，EVA 和 TPT 有无完全覆盖组件、是否完好无损。

（12）检查后将组件放置在层压周转车上，等待层压。

（二）叠层中易出现的质量问题

叠层质量对于组件外观、性能有较大的影响，在叠层过程中容易出现如图 5-11 所示的各种质量问题。

(a)

(b)

(c)　(d)

(e)　(f)

(g)　(h)

(i)　(j)

(k)

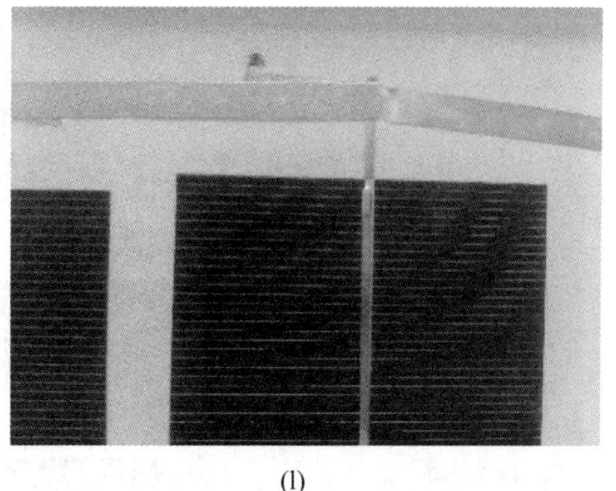
(l)

图 5-11　叠层中易出现的质量问题

（a）未剪汇流条；（b）电池片行列间距不合格；（c）层间有杂质；（d）焊带接触面小；（e）焊锡残留；（f）焊点堆积；（g）玻璃网纹面向上；（h）正负极引出线间距宽；（i）汇流条引出线短；（j）背板污染严重；（k）定位胶带过长、过多；（l）汇流条未隔开、不对齐

二、层压

层压过程是将叠层好的封装玻璃、EVA、电池片、EVA、TPT 各层在一定温度、一定时间下，形成一个无空隙的复合体。层压用到的设备是层压机，如图 5-12 所示。

图 5-12　层压机

（一）层压机工作原理

层压机主要由加热系统、压力系统、控制系统和安全系统四个部分组成。加热系统通过加热板将不同温度的铜板加热至所需温度，压力系统将上下热板通过油缸压紧，控制系统则控制温度和压力，安全系统则保证了设备的安全运行。

光伏组件的制造过程中，需要将多层原料压在一起，形成一个完整的太阳能组件。在层压过程中，需要控制温度和压力的变化，以确保层间接触质量。

在层压过程中，首先预热铜板，然后将叠层敷设好的原料放入加热板之间，调节温度到适宜值，使 EVA 材料熔化，然后通过油缸将上下热板压紧，使得电池片、EVA、玻璃、TPT 各部件紧密结合，并排出其中气泡。层压完成后，它们被移出机器，整个过程需要根据特点工艺要求进行控制，以确保组件质量。

（二）操作方法

层压机操作有手动生产和自动生产两种模式，在使用前都需要先进行参数设置，如真空延迟、真空时间、预压时间、层压时间、开盖延迟时间等参数，同时也可以通过显示屏观察到设备状态。图 5-13 为层压机操控界面。

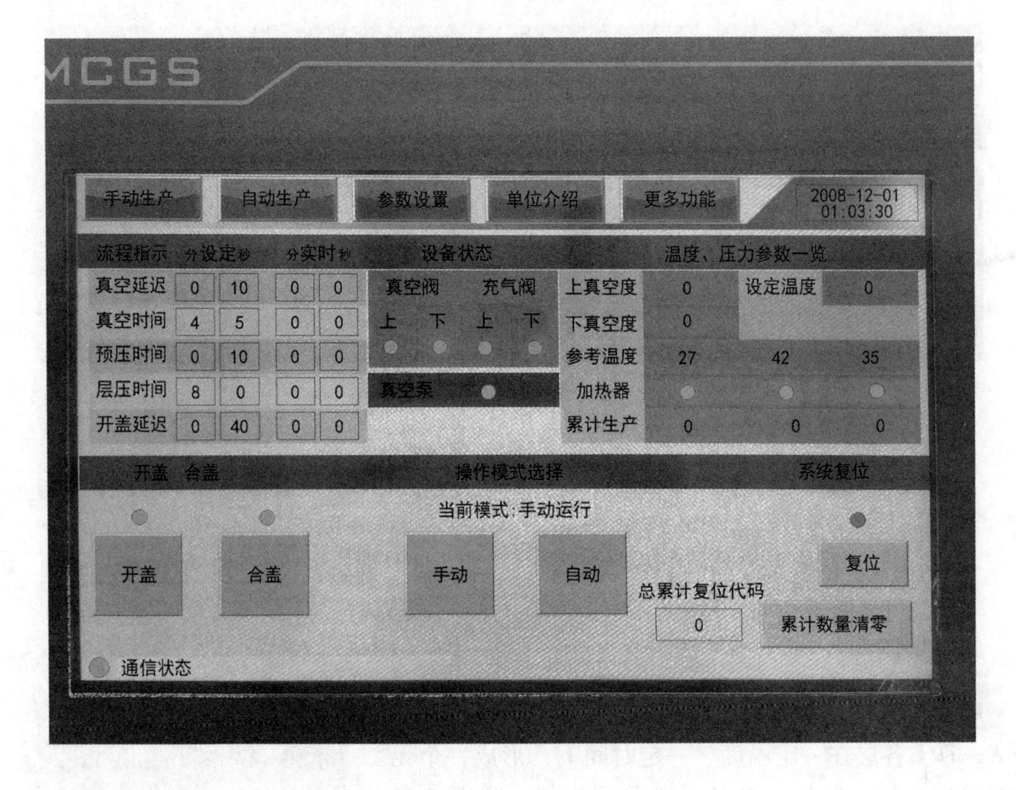

图 5-13 层压机操控界面

（1）准备工作。

1）电源送电，状态开关选择手动。

2）设置工作温度，按下加热开关开始预热，此时不必打开真空泵。

3）气泵压力调至 0.8~1.0 MPa。

4）调整好抽空时间、层压时间、预压时间。

（2）自动层压。

1）打开真空泵，按下真空按钮。

2）将开关选择“自动”。

3）按住“合盖”按钮，直至“合盖”指示灯亮，层压机开始自检，自检结束后，层压机上盖自动打开。上室为真空状态，下室为充气状态，小心放置待层压的组件，双手托住组件，一定要平，组件不能倾斜，大拇指不能压在组件的上面，组件不要碰到其他地方，组件摆放在层压机的中间，两人配合将不粘布轻轻盖到组件上，严禁直接把不粘布扔到组件上面。

4）按住“合盖”钮，直至“合盖”指示灯亮。

5）上室和下室同时抽真空，待“抽空时间”到，上室停止抽真空，1 s 后进行充气，下室仍处于真空状态，层压计时开始。

6）层压时间到，上室恢复真空状态，下室进行充气，20~70 s 后上盖自动打开。

7）取出太阳电池组件，放入新待层压组件。

自动状态下注意事项：

1）各按钮状态除了自动程序中提到的外不予响应。

2）如果要系统响应人工指令，应先退出自动状态，进入手动状态。

3）合盖后层压程序自动运行。

（3）手动层压。

1）将状态开关选择“手动”。

2）检查下室是否为真空状态，如果是，则先充气直至下室恢复至大气状态，按开盖钮开盖。切记，下室真空状态不允许开盖，否则将导致设备损坏。

3）此时层压机上盖应在开的位置，按“真空开”，真空泵准备运转。开盖等待。

4）小心放置待层压的连接好的太阳电池组件，合盖。

5）按下上真空钮和下真空钮，上下室处于真空状态。

6）当真空达到设置要求时，关闭上真空，1 s 后按下上充气，开始层压。下室仍为真空状态。

7）层压时间到，上室恢复真空状态，下室进行充气，待充气完毕后，按“开盖”，上盖开始打开，略滞后再松开“开盖”钮。

8）取出太阳电池组件。

（三）维护方法

层压机必须进行定期维护，既可防止过度磨损，又可避免设备出现故障。

（1）日常维护。

1）检查并确保真空泵油位在规定范围之内，油位要尽可能高，只使用真空泵制造商建议型号的油。

2）检查加热板和橡胶板上堆积的灰尘和层压板的材料，在冷却状态下，用无绒布擦干净。

3）加热板上的残液可用丙酮或酒精擦除。切勿用利器擦除加热板上的 EVA 溶液，以免损坏其表面平整度，影响组件质量。

4）为防止 EVA 残渣堆在加热板上，须在作业时加玻璃布进行隔离。

5）下室加热板及下室其余空间要每班用高压空气吹除残留物，吹除时一定要关闭真空泵，防止异物进入。

注意：切勿在高温状态下清洗加热板，以免引起火灾和伤害。

（2）每周维护。

1）检查顶盖的密封表面是否有灰尘和划痕，如有必要用无绒布沾上异丙醇进行擦拭。

2）检查橡胶板是否有破损并及时擦洗。

3）检查真空泵四角的灰尘和堆积的残余颗粒。

4）检查所有的皮管和夹子是否有松动。

（四）设备故障及处理

对设备进行维修和维护之前要切断一切电源。电气系统最常见的故障是连接松弛，在考虑有复杂故障之前，首先要检查电路是否连接好。

（1）真空度达不到设置值。

1）检查一下真空管道（包括接头）是否漏气。

2）密封胶圈是否严重磨损或老化。

3）真空泵工作是否正常。

4）检查上室和下室充气阀是否关闭严，若关闭不严，可能吸入灰尘，轻轻敲击或频繁开闭几次即可正常工作，否则，该充气阀已损坏，需更换。

（2）工作温度达不到设置值。

1）检查电热丝是否断路，可用交流电压 750 挡，测量固体继电器输出端（非电源端）是否有 380 V 输出（脉冲型），可在断电情况下用万用表检测三组加热器电阻是否均衡。

2）检查是否缺相，可用万用表检查固体继电器输出电源端侧三相是否有 380 V 电压。

3）检查控制器是否损坏，若温度未达到设定值，检查控制器接入端是否有 24 V 直流控制电压，如没有则控制器损坏。

（3）开盖、合盖困难或者不动作。

1）检查气泵压力是否足够，一般为 0.8~1.0 MPa。

2）检查气动管路及其连接件是否漏气。

3）电磁阀工作是否正常，可用手动方法检查。

4）检查汽缸是否损坏。

（4）上室层压时，真空度明显下降。检查上室气囊橡胶板是否漏气，橡胶板压条螺丝是否松动。

（5）温度控制器不显示温度。

1）热电偶损坏，在电热板上备有一个备用传感器，将原接线用备用热电偶线连接即可。

2）温控控制器损坏，更换新件。

（五）层压后组件出现的缺陷分析

（1）气泡。如果光伏组件中存在气泡如图 5-14 所示，则 EVA 胶膜易与玻璃、电池脱

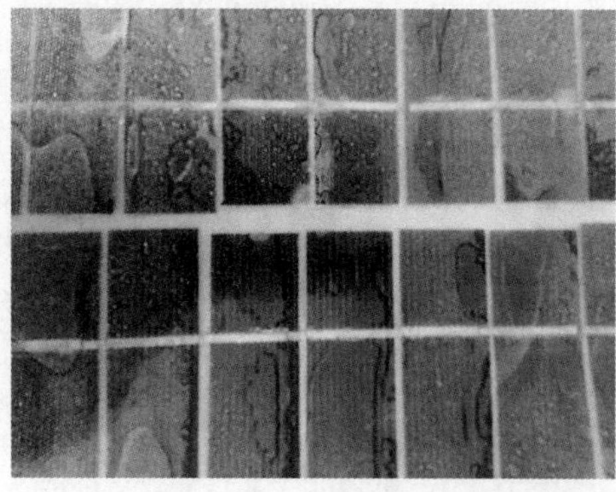

图 5-14　组件中气泡

层，影响组件寿命，层压后产生气泡的原因如下：

1）光伏组件从层压机中取出后，EVA 胶膜尚处于熔融状态，空气迅速沿空隙进入玻璃之间，从而产生气泡。为了避免这一情况，可采用光伏组件在真空状态下冷却的方法，即层压机内冷却法，这种方法能很好地解决气泡问题。

2）EVA 胶膜在熔融状态时不能充满玻璃与玻璃之间的空隙，残留在电池片附近的空气不能排出从而产生气泡，这类气泡一般出现在光伏组件中央电池片之间。为了避免这一情况，EVA 长度要比玻璃长 5~10 mm。

3）进料后合盖的速度太慢，EVA 在抽真空前就熔化，导致组件出现电池片表面气泡，严重的时候层压机中的四块组件都会出现大量的电池片表面气泡，为了避免这一情况，组件进层压机到位后，尽快下层压机的上盖。

4）层压机合盖后不抽真空，此时 EVA 在层压机中熔化，大量的气体被裹在组件里面。为了避免这一情况，进料 1 min 内，仔细看层压机下室抽真空表，如果真空系统未工作，此时应该快速手动开盖，退出组件。

（2）电池片位移。电池片移位不仅影响光伏组件的外观，严重时会使电池间的互连条发生扭曲、电池片重叠短路等，影响光伏组件的电性能与寿命。

1）电池片的移位主要由于封装时 EVA 胶膜发生收缩，引起电池片移动。为了避免这一情况，选择适合种类与厚度的 EVA 胶膜，减少 EVA 胶膜有方向性的收缩。封装前将 EVA 胶膜划上横竖的一些刀痕，也可以减少 EVA 胶膜收缩的方向性，封装后的电池移位现象明显减少。

2）优化层压工艺，增加电池片移位的阻力。在 EVA 胶膜未收缩之前，对层压机进行下室抽真空，上气囊充气，这样两层玻璃紧压 EVA 胶膜与电池片，这种方法能较好地解决电池片移位问题。

（3）碎片。电池片碎片（见图 5-15）产生的原因主要是电池片焊点不均匀、层压力度过大、玻璃热胀系数不一致、电池片位移量大、互相挤压等。使用强度大的钢化玻璃，调节合适的气囊充气时间，保持焊点均匀，基本上可以避免电池片碎片、玻璃裂纹现象。

图 5-15　层压后组件出现碎片情况

思 考 题

（1）如何确保叠层敷设时各层间不发生位移？

（2）如果层压后，组件中残留大量气泡，请分析气泡产生的原因。

（3）简述层压机的维护方法。

（4）如果出现层压机上盖无法打开的故障，该如何处理？

（5）如何确定正负极引出线间距？

项目六　装框及接线盒的安装

任务一　设备及物料介绍

学习目标：

（1）掌握装框工艺；
（2）了解铝合金边框、接线盒、硅胶等物料性能要求；
（3）掌握接线盒的安装方法；
（4）学会分析施工过程的风险点。

装框是给太阳能组件装铝合金边框，增加组件的强度，边框和组件的缝隙用硅胶填充，进一步增加组件的密封性，延长电池的使用寿命。

一、光伏组件装框设备

太阳能装框机是电池组件封装过程中重要的设备。装框也称为组框，类似于给玻璃装一个镜框，给层压固化好的组件装铝合金边框，增加组件的强度。边框和电池组件的缝隙用硅胶填充，进一步密封电池组件，延长电池的使用寿命。光伏组件自动组框机是螺丝连接和角码铆接式铝合金矩形框组装的专用设备，由气缸、油缸、直线导轨及钢结构组装而成。自动组框机的应用，减少了工人的作业强度，节约了生产时间，提高了产品质量。

（一）装框设备

装框工序包含铝合金型材的加工和组件装框两个部分，因此所用的设备分为铝合金加工设备和组件装框设备。

（1）铝合金加工设备。

1）45°角铝合金双头锯：用于切割铝合金边框两端的45°角。

2）铝合金角码切割锯：用于将铝合金角码型材按规格进行切割。

3）压力机：用于切割后的铝合金边框的冲孔和组角压印。

（2）组件装框设备。

1）装框机：用于将层压固化后的组件装上加工好的铝合金边框。

2）气动胶枪：用于在铝合金边框内注入硅胶。

3）补胶枪：用于背板补胶和安装接线盒。

二、装框工艺流程

太阳能装框工艺流程如图6-1所示。

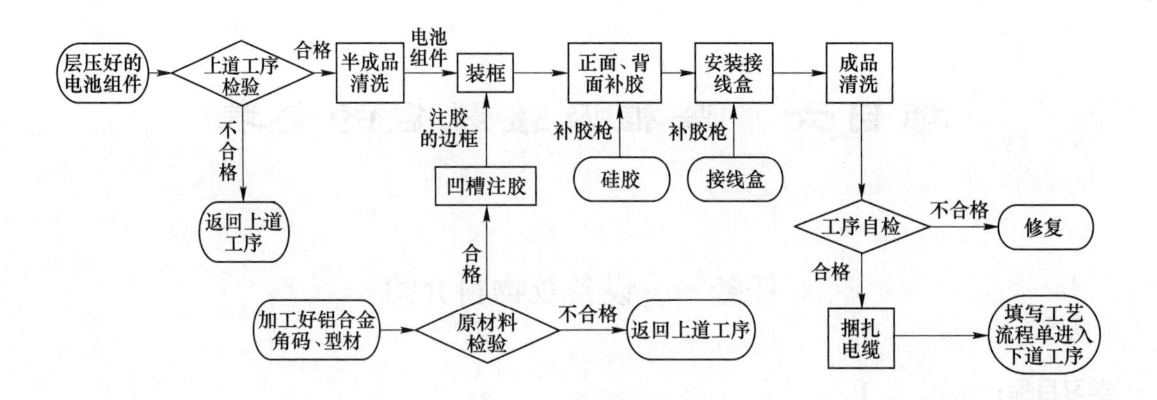

图 6-1　太阳能装框工艺流程

（1）上道工序检验-电池组件。

1）玻璃应无崩边、缺角、气泡。

2）背板无划伤、鼓包、褶折、污迹。

3）组件内无碎片、裂纹、并片、异物、气泡。

4）修边应平整无毛刺，组件正面无残留 EVA。

（2）半成品清洗过程。

1）将半成品组件放置到工作台上进行外观检查，检查流程卡是否与组件编号对应。如不合格则返回上道工序并做好记录。

2）用刀片刮去组件正面残余 EVA（乙烯-乙酸乙烯酯共聚物热熔固体胶薄膜）。

3）在残余 EVA 处喷适量的酒精并用抹布擦洗干净。

4）翻转组件，在背板 TPT 上的残余 EVA 处喷少量酒精并用抹布轻轻擦洗。

（3）上道工序检验-铝合金边框。

1）铝合金型材加工应符合要求。检测铝合金边框的长度、角度、扭拧度、压印深度、孔的位置和角码的尺寸大小应符合要求。

2）铝合金边框氧化膜应无破损，边框表面应符合检验要求。

3）对于不合格的铝合金边框及角码返回上道工序并做好记录和统计。

4）符合要求的铝合金边框及角码将其摆放到指定位置，以备使用。

（4）铝合金角码切割。

1）检查角码切割锯的参数设置，试切型材，对切割后的长度、切割处的光洁度进行检查，到达要求后准备批量生产，如有异常及时调整。

2）切割前先用压缩空气枪吹扫设备机身，清除设备上的切屑、灰尘，特别是装夹台上面不能有杂物，以免影响加工定位精度。

3）检查铝合金角码定位基准面平整度，如有金属切屑、沙粒等硬性杂质异物或保护膜有皱褶、型材表面有凸起的小点等情况，要及时清理掉，处理不掉的将型材放置在不合格区，并做好记录和统计。

4）按设备操作要求将铝合金角码放置于切割锯上，如果定位面有杂质或异物应及时清除。

5）操作切割锯使压紧气缸压紧型材限制其自由度。

6）操作切割锯切割角码。

7）用压缩空气枪吹扫装夹台和切割后的角码，清理切屑。

8）擦洗、清洁加工后的铝合金角码，用抹布擦干角码上的冷却液并蘸酒精擦除其他污渍。

9）对切割质量进行检查，合格则放入合格品区，流入下道工序，不合格则放在不合格品区并做好记录和统计。

（5）装框作业过程。

1）用气动胶枪向已装入角码的短边框和已压印的长边框的凹槽中均匀地注入适量的硅胶。

2）将待装框的电池组件放置在装框机上，并在组件四周装上长、短铝边框；先放入相邻的一短一长铝边，再将电池组件放入固定的铝边框槽内，与之平行的另外两铝边相内挤压。

3）操作装框机将短边框的角码压入长边框内，使电池组件嵌入铝合金边框之中。

4）卸下装框好组件放置于工作台上，用锉刀去除边角毛刺，如有错位用橡皮榔头修整。用厚薄规（塞尺）、钢板尺、直角尺、卷尺等工具检测接缝大小，错位、边框对角线误差和90°角误差等数值，组件合格则流入下道工序，不合格则返工修理并做好记录。

5）用补胶枪对正面缝隙处均匀地补胶。

6）翻转组件，用补胶枪对组件背面TPT与铝边框缝隙处进行补胶。

7）补胶完毕后检查，边框与组件的接缝处硅胶应均匀并无可视缝隙。

8）在背板汇流条引出处打硅胶，使背板上的引出缝被完全密封。

9）按图纸要求选择相应接线盒，并将硅胶均匀饱满的涂在接线盒背面四周，根据图纸尺寸将接线盒轻轻按压在组件背面相应位置，使汇流条穿过接线盒孔，与背板黏结。

10）用一字螺丝刀压下接线盒接线点上的弹簧片，将汇流条插入相应的接点，松开一字螺丝刀使汇流条被压紧。如遇接线交叉，必须在每根汇流条上套热缩管，用热风机加热缩紧之后才能接入到相应的接点上。

11）对组件再次自检，无异常则将组件四角套上护角，放入托盘中，流入下道工序。

（6）成品清洗。

1）在组件接线盒安装完毕后对组件进行上道工序检查。

2）清洁组件正面玻璃表面、铝合金边框正面和侧面。先用抹布去除组件正面缝隙处多余的硅胶，如果组件正面玻璃上仍有残余硅胶或EVA，用刀片小心地刮去后，用抹布蘸酒精擦洗干净，如遇擦不掉的污渍，再用摩擦橡皮擦除。翻转组件，用相同方法清洁组件背面背板、胶缝、边框和接线盒。

3）再次检查组件表面是否完全干净整洁，待到硅胶表面固化时，将接线盒电缆捆扎在指定位置。

4）对组件自检，检查质量是否能够达到装框工序完工检验标准。

任务二　装 框 操 作

学习目标：

（1）了解装框机组成部分；

（2）了解组框组角的流程；

（3）明确操作注意事项。

一、预装框

装框机由顶起旋转机构、顶出机构、上料检测、上料到位、组框组角检测、组框组角预到位、组角部分、下料段检测、下料到位、地脚、组框组角段、传输部分等组成。装框工程包括预装框和组框组两个环节。图 6-2 为预装框。预装框流程如下。

图 6-2　预装框

（1）首先层压后的组件进入预装框，组件到位后，遮住光眼。顶升汽缸上升顶起组件，如图 6-3 所示。

图 6-3　顶升汽缸上升顶起组件

（2）汽缸上升顶起组件后，定位汽缸限位卡紧定位块，装 2 个长边，装长边如图6-4所示。

（3）装完长边之后，按下绿色按钮，定位汽缸释放定位块，由人工转动组件装 2 个短

图 6-4　装长边

边框。图 6-5 为定位框释放，图 6-6 为装短边。

图 6-5　定位框释放

图 6-6　装短边

（4）装完边框之后，再次按下绿色按钮平台落下进入组框组角机，如图 6-7 所示。

图 6-7　平台进入组框组角机

（5）按下按钮，开始进行组框组角，如图 6-8 所示。

二、组框组角

（1）真空发生器通过真空吸盘吸住组件，顶升汽缸顶起组件，如图 6-9 所示。

（2）板链分合汽缸带动板链外移而脱离组件。顶升汽缸下降时，组件落入主机的组角体内开始组框组角，如图 6-10 所示。

图 6-8　进行组框组角

图 6-9　顶升汽缸顶起组件

图 6-10　组框组角

（3）组件进入主体后，组框油缸带动长边和短边进，使组件固定。组件固定完成后，组角油缸带动角刀，对铝型材进行组角，如图 6-11 所示。

图 6-11　铝型材组角

（4）组角完成后，长边和短边在组框油缸的带动下后移，如图 6-12 所示。

图 6-12　长边、短边压完后移

（5）后移后，顶升汽缸，汽缸顶起组件。板链分合汽缸带动板链内移，如图 6-13 所示。

图 6-13　板链内移

（6）顶升汽缸下降，使组件落在板链上，完成组框组角，进入下个单元，如图 6-14 所示。

图 6-14　完成组角

三、操作注意事项

（1）确认油箱工作油的液位。
（2）检查过滤器的清洁度。
（3）检查接连控制板上的主开关。

（4）检查控制装置压力继电器是否有报警信号。
（5）检查各处的紧固螺栓、螺母的紧固状态。
（6）检查液压系统接头是否有漏油或者渗油现象。
（7）检查机座上的导向轴是否补充润滑油。
（8）组角油缸两侧的摩擦面及下导轨处是否补充润滑油。
（9）检查电机转向是否正常。
（10）检查急停开关是否正常工作。
（11）检查是否出现油温过高和噪声过大。
（12）检查气压和油压是否在正常范围。
（13）保证设备及设备周围清洁状态。
（14）检查二联体内积水是否过多。

任务三　接线盒的安装

学习目标：

（1）了解接线盒结构；
（2）学会安装接线盒并接线正确。

太阳能光伏组件接线盒（junction box）是将电池片内部电路连接成串、并联电路之后，为了对电池单元进行集中式接线而设置的。它通常安装在太阳能光伏组件的背面中心位置，主要功能是将电池电流集中起来，并将电流传输到电池板的输出端。

一、接线盒结构

太阳能光伏组件接线盒通常包括以下几个部分。

（1）盒体：接线盒的外壳，通常由防水材料制成，以防止水从接线盒射入光伏电池板的背面。

（2）电缆：用于在接线盒和逆变器或其他电气设备之间传输电流。

（3）二极管：安装在接线盒中，用于防止电池组在晚上或阴天被逆向放电，保证光伏电池板输出电压的稳定性和安全性。

（4）保险丝：安装在接线盒中，用于防止太阳能光伏组件过热或故障时引起短路。

（5）连接器：用于连接光伏电池板上的电缆和逆变器，通常选择可靠性高、插入轻松的插头连接器。

光伏组件接线盒除了当作电力传输和保护设备外，还能帮助管理光伏系统，提高效率和生产。例如，通过在接线盒上安装温度传感器和监测装置，可以更好地了解光伏组件工作状态，诊断光伏组件效率低下或损坏的原因，进而进行优化管理。

二、接线操作步骤

太阳能光伏组件接线盒的接线需要按照标准步骤进行，以确保系统的安全和可靠性。

接线盒通常具有电池正极和负极的接线端子，以及链接进入太阳能光伏组件的电缆末端。

（1）将太阳能光伏电池板的正负两端引出电缆。在这里需要注意各颜色电线的区分。通常阳极为红色、阴极为黑色。

（2）将组件端的电缆通过电缆夹固定后，将电线引进接线盒内。

（3）根据接线盒的标记进行接线。接线时需要注意将阳极与阳极、阴极与阴极连接。

（4）用电池片内的连接线，将电池片连接成串联或并联。

（5）在接线盒中将连接线集中连接起来，并连接二极管和保险丝，完成光伏组件接线盒的连接。

需要注意的是，在接线过程中，必须保持电路处于断开状态，确保安全。在接线盒连接完毕后，还需要对接线盒进行闭合、防水，另外还应该进行现场测试，确保电路连接正确并稳定。

为了保证安全使用，接线盒一定要选择质量可靠、安全性能好的接线盒产品，并严格遵守接线盒的安装要求和相关电气安全规范。

三、接线注意事项

接线时的注意事项如下。

（1）接线之前需要仔细检查系统的电压和电流等参数，确保安全。

（2）在进行接线时，首先需要断开电源，将相关开关置于停止状态，避免受到电击和其他安全威胁。

（3）确保接线盒内部的电线都有足够的长度，不会因为拉扯而导致电线损坏或爆裂。

（4）根据光伏组件规格和数量，正确连接接线盒内的电缆和插头，确保每个组件都与逆变器或其他电气设备正确连接，并且接线紧固牢固、不会松脱。

（5）安装接线盒时，要确保其防水性能。除了在接线盒本身外，还可以在接线盒上直接或间接添加防水胶条、密封胶条等防水材料。

（6）接线盒应该定期检查，以确保接线盒内部电线、电缆等元器件无锈蚀、无损坏，保证光伏电站的正常运行。

总之，良好的连接和接线可以确保光伏电池组应有的功率输出和电气安全性，有效提高电池组的运行效率并降低系统故障风险。

四、装框及安装接线盒注意事项

（1）所有操作过程均应按操作工艺进行，严禁随意改动设备参数；操作过程中出现问题，应第一时间向生产负责人报告。

（2）检查工作台面上是否有硬质异物，刀具及酒精等物品应摆放在指定位置，严禁用刀片刮擦背板，防止划伤 TPT。

（3）半成品清洗：清洗完的半成品组件按要求摆放在指定区域，并做好已清洗标识。

（4）铝型材加工：铝型材在搬运过程中要轻拿轻放，防止在加工前出现碰伤和变形；加工好后的边框按系列和尺寸分类摆放在指定的区域，不得混放。

（5）打胶：按照工艺要求在边框槽内注入适量硅胶，槽内硅胶应均匀饱满无气泡；每次打开硅胶封口时数量不能超过 10 支，以防止封口部硅胶表面固化。

（6）组框：装框时应由两人用双手护住玻璃的四只角，防止边角磕碰到机器上引起组件碎裂；铝边框应平拿平放，防止角部划伤 TPT 或人体；装框完毕后及时去除边角毛刺，防止在摆放层叠时划伤下方边框的氧化层。

（7）安装接线盒：硅胶应连贯无间断的布满盒体背面四周和汇流条引出线的缺口。

（8）成品组件清洗：边框上残留的污迹和硅胶不得用刀片擦刮，必须按照工艺要求处理，清洗完毕后按要求做好已清洗标识。

思　考　题

（1）光伏组件为什么要装框？

（2）组件装框的注意事项有哪些？

（3）为什么要给铝合金边框镀膜？

（4）如何正确安装接线盒？

项目七　光伏组件性能测试

层压、装框后的光伏组件，需要进行一系列的性能测试，如电性能、耐压绝缘性能、EL 缺陷检测等，根据应用环境，以测试数据为依据，选择性能符合要求光伏组件。

任务一　EL 缺陷检测仪的使用

学习目标：

（1）学会操作 EL 缺陷检测仪；
（2）能够看懂缺陷检测图；
（3）学会分析缺陷产生的原因。

太阳能电池组件缺陷测试仪利用了太阳能电池电致发光原理，太阳能电池在加载一定的电压、电流时会辐射发光，其电致发光亮度正比于少子扩散长度，缺陷处因具有较低的少子扩散长度而发出较弱的光，会形成较暗的影像，通过摄像机捕获近红外光图像并显示，可以判定电池的缺陷类型和缺陷程度。EL 缺陷检测仪如图 7-1 所示。

图 7-1　EL 缺陷检测仪

一、EL 缺陷检测仪操作流程

（1）开启设备。
1）确认设备外部供电、气都已接通。
2）打开设备内部的空气开关。

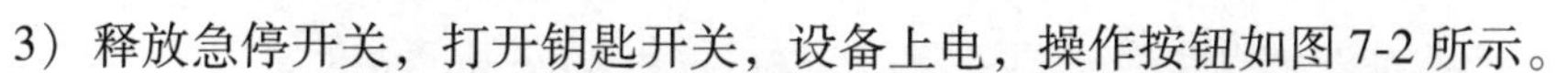

3）释放急停开关，打开钥匙开关，设备上电，操作按钮如图 7-2 所示。

图 7-2　开关机操作按钮

4）待设备上电正常后，启动计算机。

（2）缺陷检测操作步骤。

1）按开盖键，打开箱体，放入组件并接好正负极后，按“关盖”键。

2）点击桌面“ELTest. exe”图标，进入测试软件，软件界面如图 7-3 所示。

图 7-3　软件测试界面

3）点击“拍照”，此时系统开始显示拍照倒计时，如图 7-4 所示。

图 7-4　拍照界面

4）拍照完成时，会显示出最终效果，如图 7-5 所示。

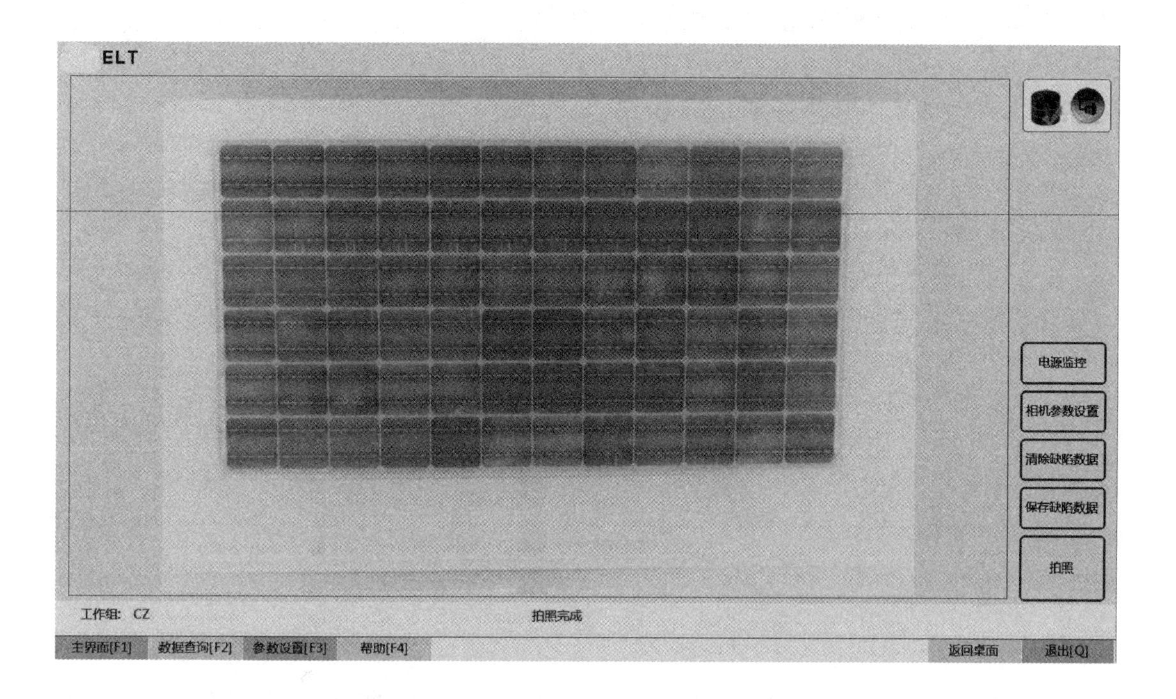

图 7-5　检测结果

5）在有缺陷的地方单击鼠标右键，会出现快捷菜单，从中选择缺陷类型后，保存缺陷数据，如图 7-6 所示。

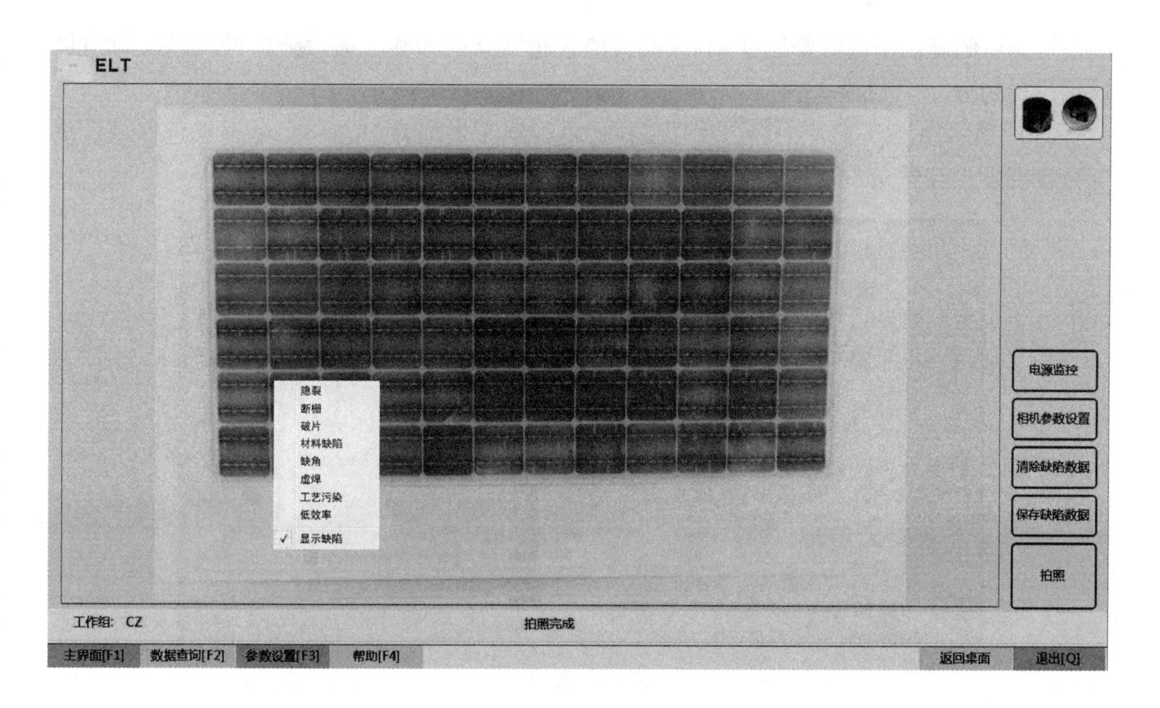

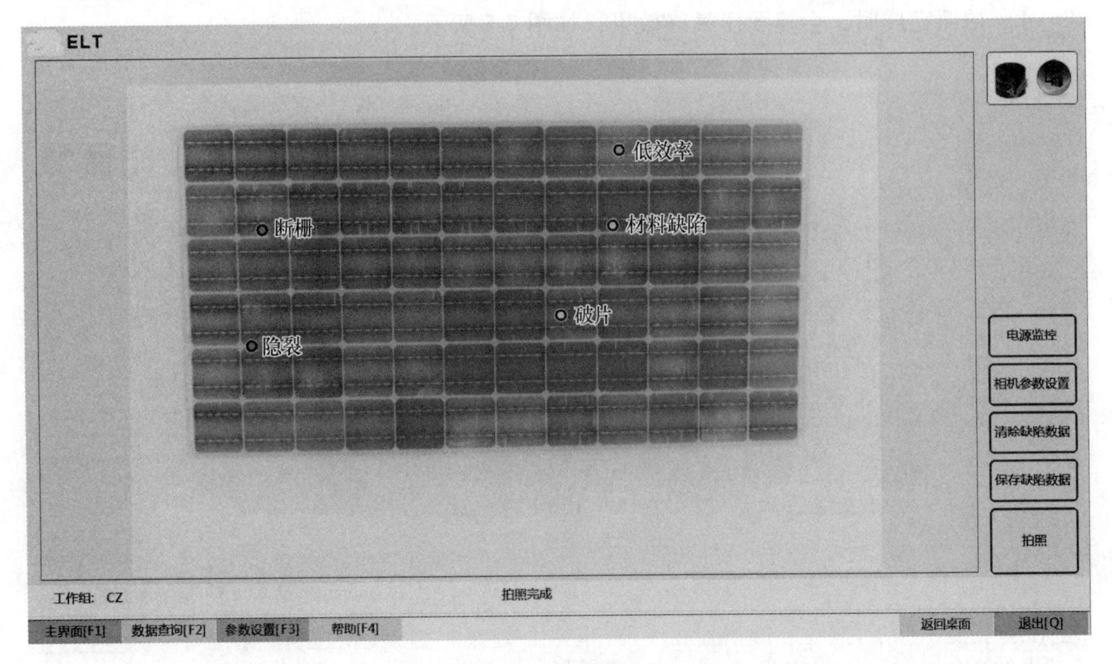

图 7-6　缺陷标注

（3）关机。不使用设备时，首先关闭设备上盖板，之后关闭设备应用软件，再关闭工控电脑，然后关闭控制面板上的钥匙开关，再按下急停按钮关闭空开切断整个设备电源，最后拔下航插电源线确保整机断电。

二、缺陷类型及原因分析

层压后的光伏组件需要经过 EL 缺陷检测仪进行缺陷检测，通过分析检测结果对组件质量进行划分。

（1）黑团片。EL 照片中黑团片是指在通电情况下电池片中心一圈呈现黑色区域，该部分没有发出红外光，故在红外相片中反映出黑团，如图 7-7 所示。

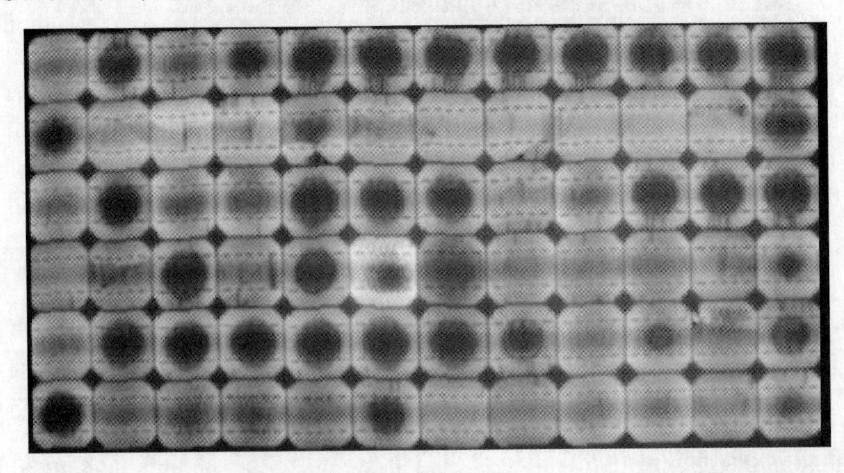

图 7-7　黑团片

黑团片产生的原因是在直拉硅棒生产过程中，晶体定向凝固时间缩短，熔体潜热释放与热场温度梯度失配，晶体生长速率加快，过大的热应力导致硅片内部出现错位缺陷。缺陷的产生会降低硅衬底少数载流子浓度，使得晶体的导电性能下降，电池片中心部位的电阻率偏高。

出现此缺陷后，组件长时间运行会造成热击穿，也会导致组件功率下降，在组件测试仪测试组件 *I-V* 特性曲线时，测试曲线呈现台阶形状。

（2）短路黑片和非短路黑片。EL 成像时，有两种常见的黑片，在光伏组件的某个位置会出现一块或多块全黑色电池片，这种图像称为短路黑片，另外一种是除电池片边缘发光外其他部位全黑，这种黑片称为非短路黑片。短路黑片和非短路黑片的 EL 缺陷检测图如图 7-8 所示。

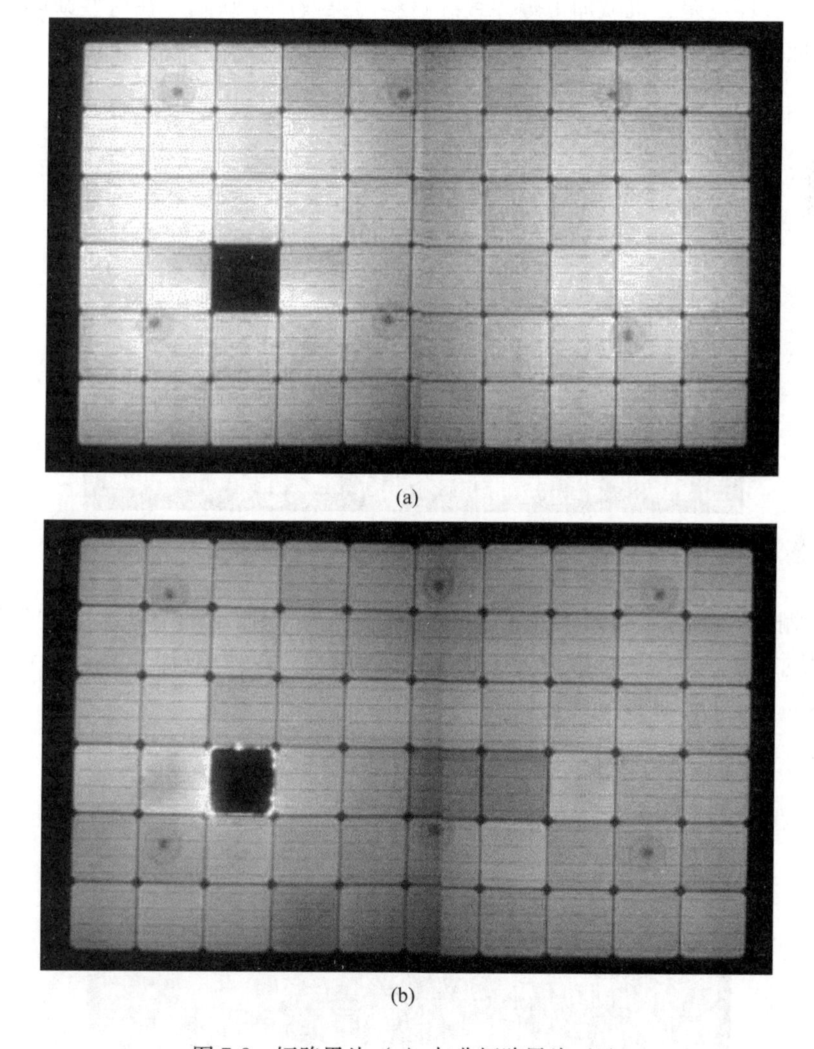

图 7-8　短路黑片（a）与非短路黑片（b）

短路黑片产生原因分析：

1）组件电池片在串焊过程中造成正负极互联条短路；

2）接线盒二极管正负极焊反、接线接错及互联条虚焊；

3）在组件被层压之前，混合低效率电池单元，并且硅晶片的质量差；

4）N 型片被误用，没有 PN 结。

非短路黑片产生原因分析：这种电池片大多产生于单面扩散工艺或湿法刻蚀工艺，在扩散面放反导致在背面镀膜印刷，使得 PN 结成反向。

产生短路黑片后，填充系数及组件输出功率会受到很大影响。组件 *I-V* 特性曲线呈阶梯式的，短路电池片不能提供外部电源，整个光伏组件的输出功率降低，*I-V* 特性曲线的最大功率减小。

发生短路黑片和非短路黑片都需要更换电池片。

（3）黑斑片。黑斑片是在电池片的局部产生暗斑。这主要是由于电池片在生产加工工程中操作不当、环境差、机械加工等导致硅材料污染或产生缺陷，在这些缺陷区域，少子扩散长度降低，发光强度弱。图 7-9 所示为黑斑片。

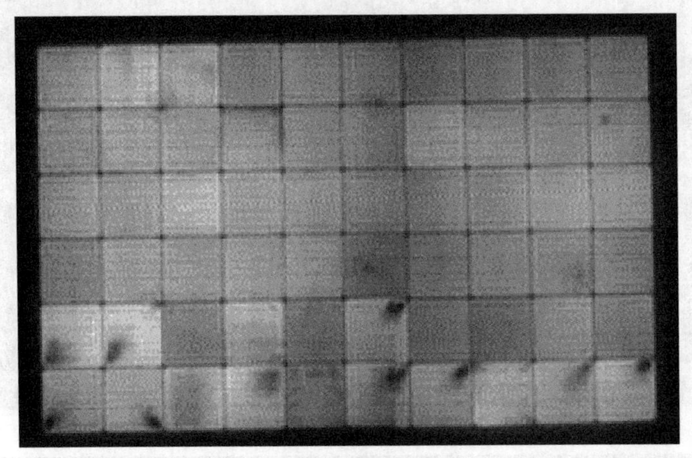

图 7-9　黑斑片

（4）断栅片。断栅片如图 7-10 所示，主要是在生产加工环节产生。在丝网印刷时，由于浆料问题或者丝网印刷参数设置不当导致印刷不良，在电池片分选时，由于操作不当也会造成不同程度的断栅或划痕。

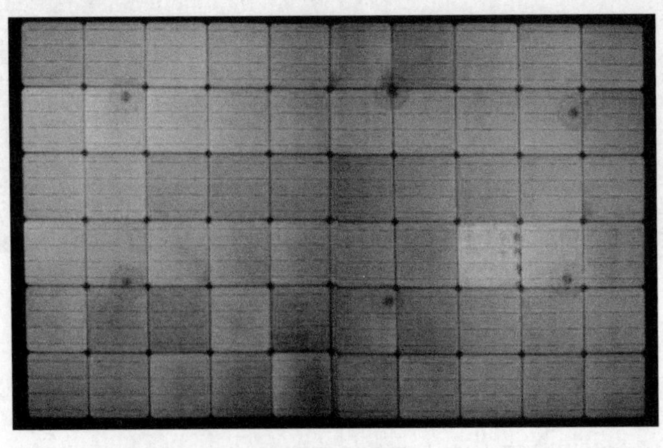

图 7-10　断栅片

（5）过焊片。过焊片一般是由焊接温度过高造成的，过焊会造成电池片部分电流的收集障碍，该缺陷发生在主栅线的旁边。过焊片多见于人工焊接。图 7-11 为过焊片 EL 缺陷检测图。

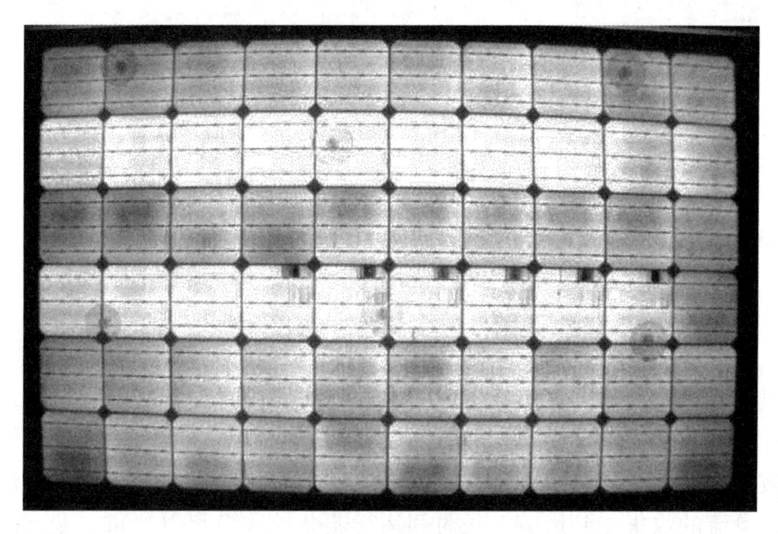

图 7-11　过焊片

（6）局部断路片。电池片沿着主栅线的一边全部为黑色表明这一边的电子无法被主栅线收集，通常是由于电池片背面印刷偏移导致铝背场和背电极无法接触从而形成了局部断路。需要在层压前加强 EL 检验及时将这种电池片挑出，防止不合格电池片流入后道工序。局部断路片如图 7-12 所示。

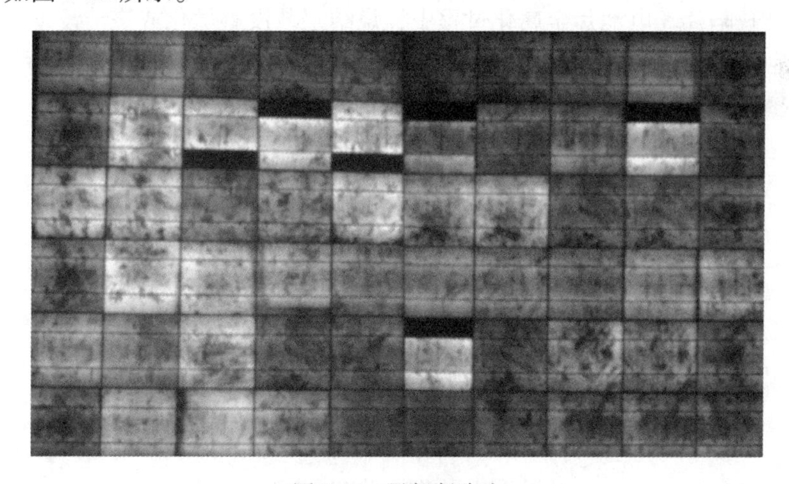

图 7-12　局部断路片

（7）裂纹片、破片。裂纹在 EL 测试下产生明显的明暗差异的纹路（黑线）。裂纹可能造成电池片部分毁坏或电流的缺失。在 EL 测试下，如果表现为以裂纹为边缘的一片区域呈完全的黑色，那么该区域为破片。裂纹会造成其横贯的副栅线断裂，从而影响电流收集。而主栅线因有镀锡铜带相连，不会造成断路。图 7-13 为裂纹片和破片图。

电池片在焊接过程中或者组件搬运过程中受到外力，可能会导致裂纹片、破片产生。

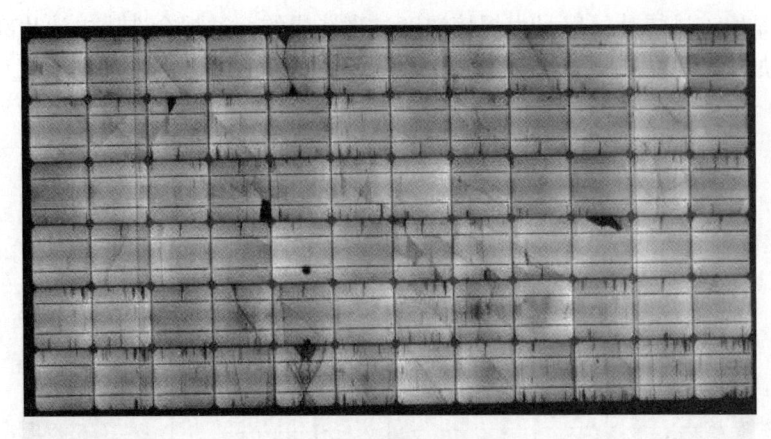

图 7-13　裂纹片和破片

电池片在低温下不进行预热，突然在短时间内升到高温，高温膨胀引起裂缝现象，也会导致出现裂纹片或破片。

裂纹或破片的产生，导致组件破裂，内部电池电流缺失或部分损坏，电池片本身的细网格线断裂，电流的收集受到影响，长时间运行还会导致隐裂更严重、变成碎片、组件性能下降、功率衰减等问题；降低组件的使用寿命和可靠性。长时间积累，光伏组件会出现热斑效应，后果就是造成组件损坏。

由于电池片本身相对脆弱并且容易破裂，在生产电池片和组件层压过程中很容易造成裂缝，所以在进行电池片分选、组件层压操作过程中，要做到轻拿轻放，同时优化组件层压工艺，在组件层压之前及时更换裂缝可以减少成品组件的缺陷。

（8）烧结缺陷片。电池片金属化过程中，烧结工艺没有优化或烧结设备存在缺陷，生产出来的电池片在 EL 测试过程中会显示类似履带印的图像（如图 7-14 所示），可通过优化烧结工艺参数或选择点接触及边缘接触方式消除履带印问题。

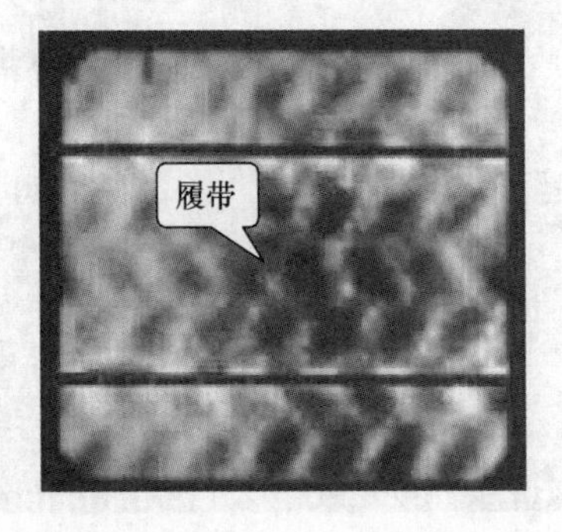

图 7-14　烧结缺陷 EL 成像图

（9）明暗片。明暗片是由于转换效率不同的电池片混入同一个组件中，电流较大则成像较亮，反之较暗，电流差异越大，明暗差别越大。此类混挡片会导致组件热斑效应，造成热击穿降低组件寿命，同时又影响系统发电能力。明暗片如图 7-15 所示。

（10）漏电、击穿片。如图 7-16 所示，EL 显示的较粗黑线表明该区域没有探测器可探测到的光子放出，主要原因是烧结温度与扩散方阻不匹配导致 PN 结烧穿或者电池片镀

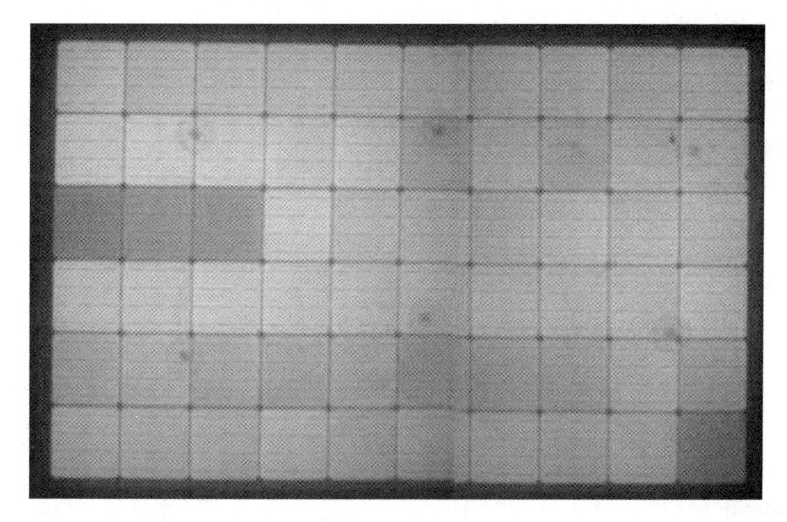

图 7-15　明暗片

膜面沾有铝浆烧结后导致 PN 结击穿，EL 测试时，给电池片加压后，此处细栅线与主栅线不能形成回路。该区域显示为黑色。

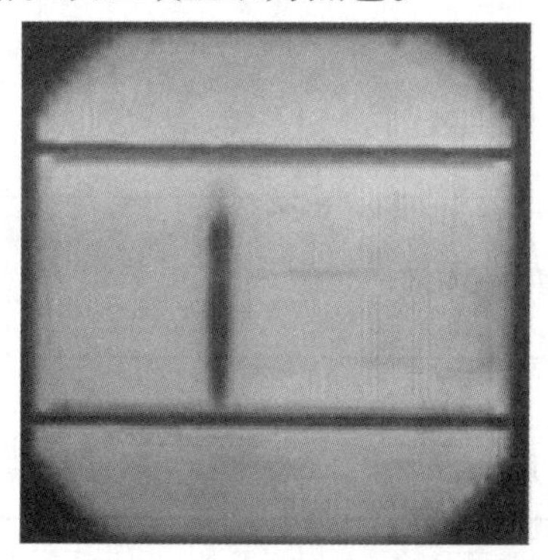

图 7-16　漏电、击穿片 EL 成像图

三、EL 缺陷检测任务实训

（1）选择耗材制作一个光伏组件。

（2）对光伏组件进行 EL 缺陷检测。

（3）分析缺陷产生的原因，并重新制作组件，如此反复，直到制作的组件缺陷检测一切正常为止。

（4）任务考核内容见表 7-1。

表 7-1　EL 缺陷检测项目实训评价表

项目名称	评价标准	分值	得分
光伏组件制作	光伏组件外观无缺陷	5	
	光伏组件电路连接正确	5	
	设备操作规范	10	

续表 7-1

项目名称	评价标准	分值	得分
EL 缺陷检测	正确使用 EL 缺陷检测仪	5	
	检测过程操作规范	5	
EL 缺陷分析	产生的缺陷及原因分析：	20	
重新制作组件，并进行缺陷检测	产生的缺陷及原因分析：	10	
重复上述过程……	产生的缺陷及原因分析：		
第 n 次制作组件，并进行缺陷检测	本次组件无缺陷	20	
职业素养	实训态度、纪律、安全操作、文明行为、实训耗材管理、团队合作、责任心等	20	

任务二　组件性能测试仪的使用

学习目标：

（1）学会操作组件性能测试仪；
（2）能够理解各性能参数；
（3）学会分析各参数对组件发电效率的影响作用。

太阳能电池组件测试仪是专门用于单晶硅、多晶硅、非晶硅电池组件的电性能测试设备。它的工作原理是：当闪光照到被测电池上时，用电子负载控制太阳能电池中电流变化，测出电池的伏安特性曲线上的电压和电流、温度、光的辐射强度，测试数据送入微机进行处理并显示、打印出来。该设备可以测量 *I-V* 曲线，短路电流，开路电压，峰值功率，峰值功率点电压、电流，填充因子，转换效率，串联电阻，并联电阻等参数。图 7-17 是太阳能电池组件测试仪设备图。

一、设备操作程序

（1）开机。

1）打开空气开关，如图 7-18 所示。

2）释放急停开关，如图 7-19 所示。

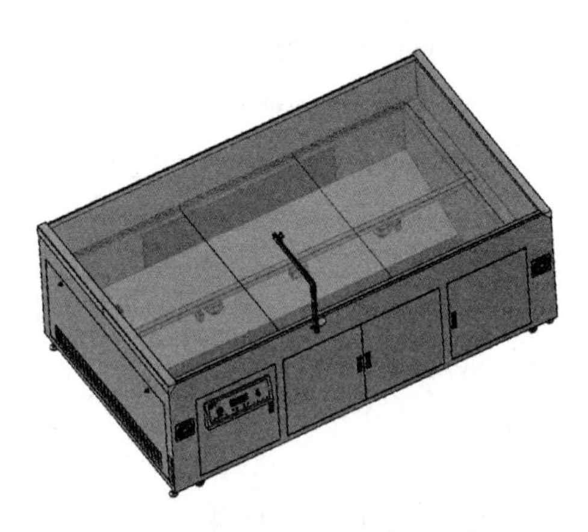

图 7-17　太阳能电池组件测试仪

图 7-18　空气开关

图 7-19　急停开关

3）打开钥匙开关，设备上电。

4）待设备商店正常后，启动计算机，点击桌面“SCT. exe”图标，进入测试软件。

5）点击绿色“给电容充电”按钮，此时“当前充电电容状态”会由红色变成绿色。同时“控制面板”上的电压会上升到设定值，如图 7-20 所示。

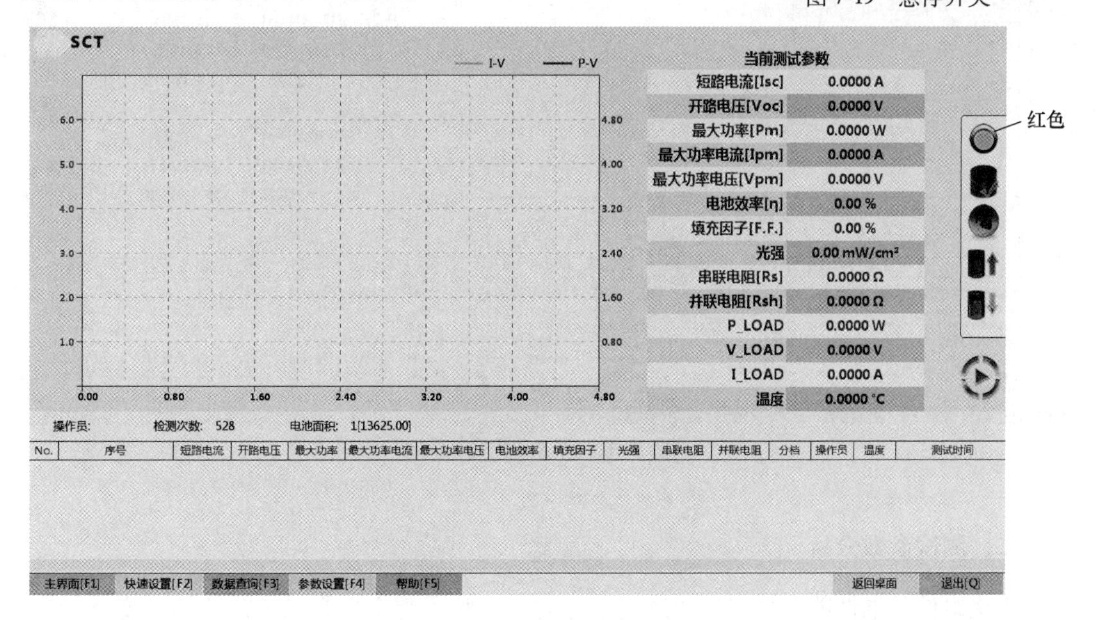

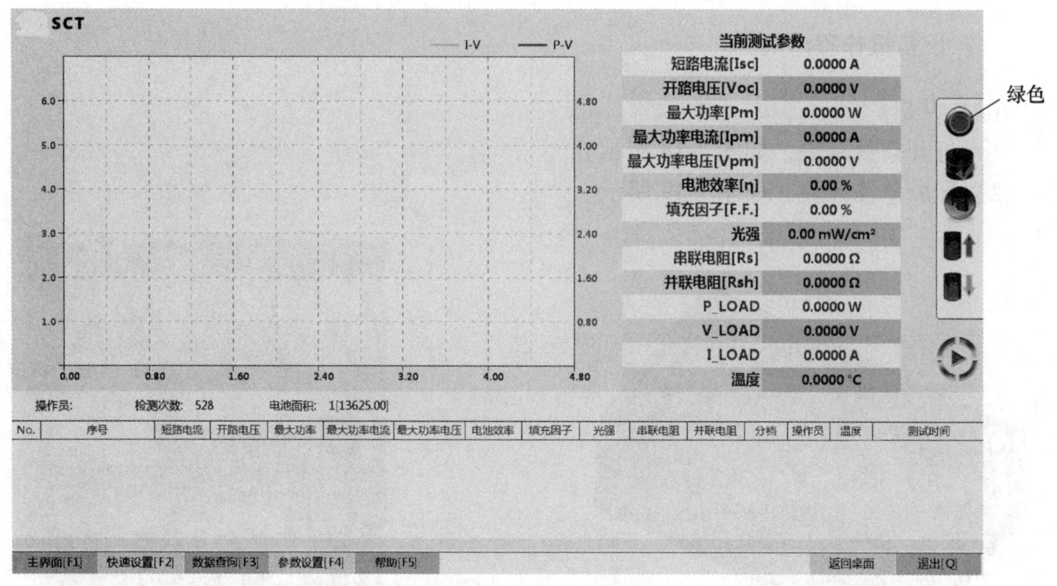

图 7-20　电容充电界面

6）将待测电池组件放在导轨上并保证鳄鱼夹与组件的正负极接触良好（红色为正极接待测组件正极，黑色为负极接待测组件负极）。

7）用鼠标点击“测试”即可测试，测试结束后可在屏幕上看到测试结果及曲线。测试结果曲线图如图 7-21 所示。

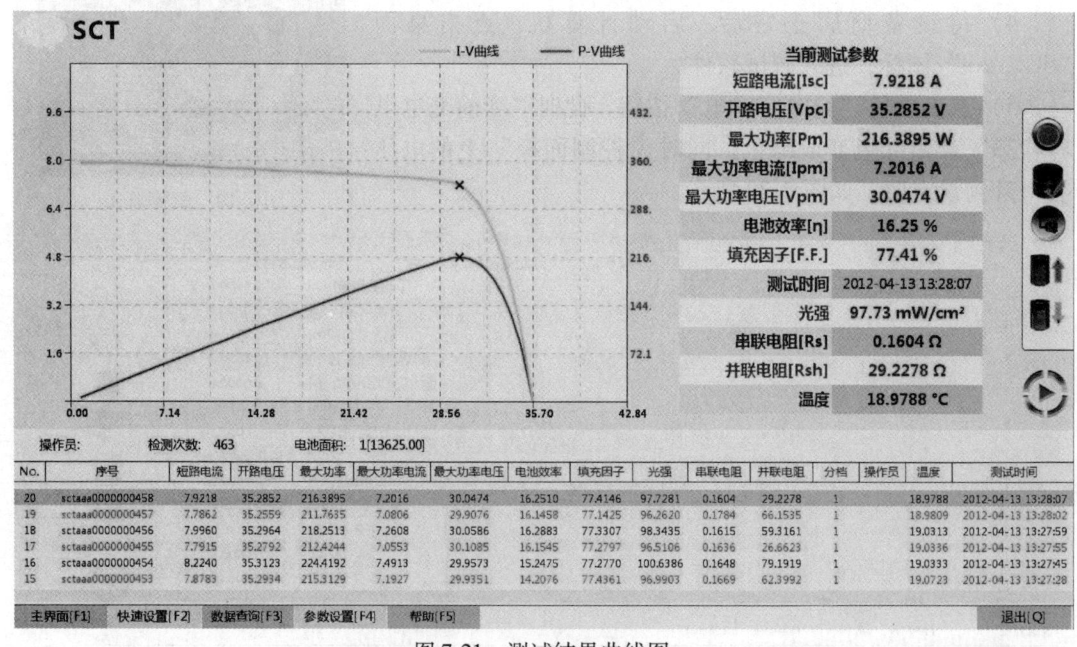

图 7-21　测试结果曲线图

二、测试参数分析

光伏组件的电性能参数在生产过程中及时地反映了整个生产线工艺的动态变化情况，

对生产线的控制及设备工艺参数的实时调节起到了非常重要的参考作用。组件的电性能参数主要有开路电压 V_{oc}、短路电流 I_{sc}、峰值功率 P_m、转换效率填充因子 FF、漏电流 I_{rev1}、串联电阻 R_s、并联电阻 R_{sh}等，其中，V_{oc}、R_s、R_{sh}主要和原材料及电池片、组件生产工艺有关，属于内因，现场调节参数对这些参数没多大影响，而 I_{sc}、FF、I_{rev1}对现场调控参数比较敏感。

（1）开路电压 V_{oc}。开路电压是由于光生电子-空穴对在内建电场的作用下分别被收集到耗尽层的两端形成的电势，开路电压是内建电场（PN 结）收集电流能力的直观表现。

开路电压与电池片的掺杂浓度有关。适当的掺杂浓度有利于提高开路电压。另外开路电压也与温度有关，温度越高，势垒高度降低，从而导致电压降低。一般情况下，温度每提高 1 ℃，组件电压会相应降低 0.5%~0.6%。

（2）短路电流 I_{sc}。短路电流是指太阳能电池在短路状态下的输出电流，即电池正负极直接连接时的电流值。短路电流是太阳能电池的另一个重要参数，它决定了电池的输出能力和性能。一般来说，短路电流越大，电池的输出能力就越强。

短路电流对各工艺参数比较敏感，在实际生产过程中，对短路电流有影响的因素主要如下。

1）制绒工序的减薄量。它本质上反映的是表面织构化的质量，即倒金字塔的几何结构包括其宽度和高度，这些参数直接地影响了光的吸收效率，制绒工序对 I_{sc}的影响主要体现在对光的吸收效率方面。

2）扩散工序的方块电阻及不均匀度。它们主要是用来描述扩散式 PN 结的质量，本质上反映的是扩散杂质在 PN 结中的分布情况，包括杂质的总量、杂质分布的浓度和杂质分布的均匀度。由于 PN 结是最主要的生成电子-空穴对及收集电流的场所，所以方块电阻及不均匀度所影响的主要是载流子的收集概率。

3）PECVD 工序的减反射膜厚度。减反射膜的重要作用主要体现在减反射和钝化上。其减反射作用主要是提高电池对光的吸收效率，而其钝化作用主要是减少载流子的表面复合从而提高其收集概率。制作一定厚度的减反射膜，能够很好地钝化晶硅表面及体内的缺陷和减少入射光的反射，有利于提高晶硅电池的开路电压和短路电流，从而有效提高晶硅电池的光电转换效率。

4）丝网印刷中背电场的湿重，正面电极的湿重及细栅线的高宽比。丝网印刷是制作输出电流的线路，而且在输出电流时尽量高效并减少无端的损耗。对于铝背场湿重的控制主要是为了提高对载流子的收集概率，同时它对提高开路电压也是很有效的。对于正面电极湿重的控制主要是为了得到优质的细栅线图形，而优质的细栅线既能明显地提高电流的收集概率，也能有效地降低本身的损耗（低的串联电阻，高的填充因子），对细栅线高宽比的追求同样是为了得到优质的栅线。另外通过对网板的设计及浆料的选择，可以大大地提高电流的收集概率及传输效率，总之，在丝网印刷中对各线参数的控制主要是为了提高电流的收集及运输效率。

5）烧结。这是完成电池片制作的最后的工序，好的烧结条件对 I_{sc}及 R_s 的优化是相当明显的，对烧结条件的控制能够提高电流收集概率。

6）温度。短路电流随温度的升高而升高，一般温度每升高 1 ℃，短路电流值约上升 75 μA。

（3）填充因子 FF。填充因子是输出的有用功与产生的总体功率之比。它表明了电池片本身输出有用功的能力，也即其本身的内耗情况；对于高的填充因子，电池片本身对所产生电能的消耗比例较小。一般情况下，对填充因子影响比较大、比较直接的主要是印刷工艺，再具体地说主要是正面电极的印刷。如果检测到填充因子降低，表明电池片本身的内耗或漏电增加了，这也必然会在 R_s 或 R_{sh} 上反映出来。

（4）峰值功率 P_m、最佳工作电压 V_m 和最佳工作电流 I_m。太阳能电池的工作电压和电流是随负载电阻而变化的，将不同阻值所对应的工作电压和电流值做成曲线就得到太阳能电池的伏安特性曲线。假如选择的负载电阻值能使输出电压和电流的乘积最大，即可获得最大输出功率，用符号 P_m 表示。此时的工作电压和工作电流称为最佳工作电压和最佳工作电流，分别用符号 V_m 和 I_m 表示。

（5）转换效率 η。转换效率是指太阳能电池将太阳辐射能转换为电能的效率。转换效率越高，太阳能电池的能量利用率就越高。太阳能电池的转换效率主要受到材料的光吸收能力和光电转换能力的影响，提高转换效率是提高太阳能电池性能的重要途径。

（6）串联电阻 R_s 和并联电阻 R_{sh}。太阳能电池等效串联电阻会影响其正向伏安特性、短路电流和填充因子，而对开路电压没有影响。串联电阻主要是半导体材料的基体电阻，金属体电阻及连接电阻、金属和半导体连接产生的电阻，即串联电阻=硅片基体电阻+横向电阻+电极电阻+接触电阻。在组成串联电阻 R_s 的四个因素中，它们对总体 R_s 的影响顺序依次为体电阻 R_b、接触电阻 R_c、横向电阻 R_d 和电极电阻 R_m。

串联电阻由硅片的制作工艺决定。R_s 的改善对 FF 影响主要表现在：随着 R_s 减小，电池片本身的内耗也随之减小，从而使 FF 得到提高。

并联电阻 R_{sh} 主要由于 PN 结不理想或在结附近有杂质，这些都能导致结短路，尤其是在电池边缘处。并联电阻反映的是由于材料本身及生产工艺等原因造成的漏电水平。理论上其值越大，电池片的填充因子和输出功率均在变大。

三、光伏组件电性能测试分析项目实训

选择不同的光伏组件，测试其电性能，对比测试结果，分析组件性能的优劣，进而提出提高组件性能的思路。数据记录在表 7-2 中。

表 7-2　测试数据记录表

组件序号	V_{oc}	I_{sc}	FF	P_m	R_s	R_{sh}
1						
2						
3						

对比分析结果：

续表 7-2

改进建议：	
得分	

任务三　其他性能测试

学习目标：

（1）了解组件出厂时需要进行的性能测试项目；
（2）熟悉组件生产、测试的国家标准。

光伏组件测试是确保光伏系统能够可靠输出电能的关键环节。通过测试光伏组件的电性能、温度特性、光谱响应、绝缘性能、机械性能和可靠性，可以确保光伏组件的性能和质量符合要求，从而保证光伏系统的可靠运行。

一、温度特性测试

光伏组件的温度特性测试是为了评估温度对其电能输出的影响。测试方法包括在不同环境温度下进行电性能测试，以及使用温度控制装置模拟不同温度条件下的电性能。

二、光谱响应测试

光谱响应测试用于评估光伏组件对不同波长光的响应情况。这些测试可以帮助确定光伏组件在不同光谱条件下的电能输出。通常的测试方法是使用一个可调节的光源，扫描不同波长的光并测量光伏组件的电流输出。

三、绝缘性能测试

绝缘性能测试用于评估光伏组件的绝缘性能，以确保其不会导致电路短路或出现电击危险。测试方法包括使用绝缘电阻测试仪测量光伏组件的绝缘电阻，以及对组件进行高压电阻测试。

四、力学性能测试

力学性能测试用于评估光伏组件的抗风压能力、耐候性和物理强度。常见的力学性能测试包括弯曲测试、冲击测试、拉伸测试和压力测试。

五、可靠性测试

可靠性测试用于评估光伏组件的长期稳定性和耐久性。这些测试包括温湿循环测试、热冲击测试、气候暴露测试等。这些测试旨在模拟典型的户外环境条件，以评估光伏组件在长期使用中的性能变化。

思 考 题

（1）对实际光伏组件进行 EL 缺陷检测，并分析缺陷产生的原因。
（2）请分析温度对光伏组件发电效率的影响作用。
（3）什么是寄生电阻，寄生电阻对光伏组件发电有什么影响？

参 考 文 献

[1] 徐云龙. 光伏组件生产技术［M］. 北京：机械工业出版社，2015.
[2] 黄建华，段文杰，陈楠. 光伏组件生产加工技术［M］. 北京：中国铁道出版社，2019.
[3] 侯海虹，马玉龙，张静. 太阳电池和光伏组件检测及标准［M］. 北京：科学出版社，2016.
[4] 詹新生，张江伟，刘丰生. 太阳能光伏组件制造技术［M］. 北京：机械工业出版社，2015.
[5] 薛春荣，钱斌，江学范，等. 太阳能光伏组件技术［M］. 2版. 北京：科学出版社，2015.